U0828216

愿你活成自己喜欢的样子

做个有出息的青少年

洪琳◎编著

中国纺织出版社有限公司

内 容 提 要

关于未来，人们都有理想的样子，然而，社会丛林中，人们似乎已经习惯了按照他人的眼光来审视和规划自己的人生，我们可以说，找回迷失的自我，是现代人刻不容缓的心理课程。

这是一本为我们指引人生方向的心灵读物，本书告诉我们，我们每个人都要学会剥去世俗的外壳，与自己的心灵对话，找到自己想要的生活，最终把生活过成自己想要的样子。

图书在版编目（CIP）数据

愿你活成自己喜欢的样子 / 洪琳编著. --北京：中国纺织出版社有限公司，2021.2
（做个有出息的青少年）

ISBN 978-7-5180-7615-4

Ⅰ.①愿… Ⅱ.①洪… Ⅲ.①成功心理—青少年读物 Ⅳ.①B848.4-49

中国版本图书馆CIP数据核字（2020）第122717号

责任编辑：张 宏　　责任校对：高 涵　　责任印制：储志伟

中国纺织出版社有限公司出版发行

地址：北京市朝阳区百子湾东里A407号楼　邮政编码：100124

销售电话：010—67004422　传真：010—87155801

http://www.c-textilep.com

中国纺织出版社天猫旗舰店

官方微博 http://weibo.com/2119887771

三河市延风印装有限公司印刷　各地新华书店经销

2021年2月第1版第1次印刷

开本：880×1230　1/32　印张：7

字数：165千字　定价：25.00元

/前　言/

生活中，我们常思考这样一个问题“活着是为了什么”。这是一个哲学命题，对于这一问题的答案，人们众说纷纭。但“希望与期待”这一答案是毋庸置疑的。人们说的“哀莫大于心死”，说的就是失去希望对人生的致命打击，事实上，今天我们努力奋斗，就是为了明天带给我们的希望。的确，关于明天，我们从未停止过期待，那么，对于明天所希望的生活，你的脑海里是什么样子的呢？

一些人会说，我想来一场说走就走的旅行，去看看大山大河，去领略奇山峻岭；一些人会说，我想找个很爱的人谈一场轰轰烈烈的恋爱，不求结果，只求相爱；一些人会说，我想赚很多很多的钱，买一所大房子，给家人稳定且安逸的生活；一些人会说，我想好好休息一天，关掉手机，什么也不想，什么也不做，因为我太忙、太累了……这些就是我们对生活和未来的期待，它也许有一万种可能，但总有我们喜欢的，也总有我们想要的，你现在的生活，是曾经想要的吗？

我们经常说：“人生短暂，须臾即逝”，的确，年轻只有一次，青春只有一次，哪有那么多的岁月静好，我们能掌握的只有当下，我们何不按照自己内心喜欢的样子去生活呢？

米兰·昆德拉说：“生活是一张永远无法完成的草图，是一次永远无法正式上演的彩排，人们在面对抉择时没有判断的绝对依据。我们既不能把它们与我们以前的生活相比，也无法使其完美之后再来度过。”的确，在我们的人生中，总有形形色色的人穿梭往来，总会发生各种各样的事，“如人饮水冷暖自知”，个中滋味，只有自己才能体会。只有经过生活的洗礼，我们的内心才能渐渐丰盈，才能对生活有更深层次的理解。

事实上，人的一生，能找到自己喜欢的事情是幸运的。做自己喜欢的事，才会生活得有趣，才可能成为一个有意思的人，也才能成为你想成为的人，当你能不计功利地全身心做一件事情时，你所感受到的愉悦和成就感其实就是最大的收获，你会是开心的、满足的，你才会生活得更美好。

活成自己喜欢的样子，看起来是多么简单的一句话，然而，又有多少人真正践行并做到了？行走于尘世，我们早已习惯了从别人身上找自己，而把真正的自己遗忘在角落了，我们忽略了问自己到底想要什么？到底怎样才会发自内心地快乐和幸福？也许是时候停下脚步，好好对人生进行一番思考了。

本书就是这样一本心灵智慧指南，它启迪了我们的心灵，引导我们逐步探索和发现自己，帮助我们开启一种自己喜欢的人生，相信阅读完本书，你能对自己的生活有个新的认识，也会认识到如何提高生活质量，如何排解工作和生活压力，并开始热爱生活，把生活过得有滋有味、鲜活热闹。总之，愿我们在最好的年华里成为更好的自己，按照自己喜欢的方式过一生，把生活和未来过成我们想要的样子。

编著者

2020年10月

/目　录/

第01章

岁月静好的日子不多，照着自己喜欢的样子去活

我们都知道，人生犹如一张单程车票。日出日落，花开花谢，岁月，周而复始，一如往昔，但我们却回不到过去。岁月静好的日子太少，眨眼间，人世已沧桑，缕缕银丝也爬上我们的额头。生命如此短暂，那么，我们何不按照自己喜欢的样子生活。如此，方能洒脱走过红尘喧嚣。

客观认知自己，然后定位自己的人生方向

那些光鲜亮丽的女明星，衣柜里有无数的漂亮时装，也有着很多时尚的鞋子。但是，这些女明星每次绚丽登场的时候，都只能穿一件衣服，选择一双鞋子。由此可见，在人生之中，我们固然面临着很多选择，但是却必须做出决断，让自己选定方向努力前行。人生的道路尽管有千千万万条，但是我们分身乏术，只能选择其中一条道路去走。否则，当我们在好几条道路上徘徊，时而想向前，时而想向左，时而想向右，最终的结果就是让自己迷失，根本不知道路在何方，人生也会因此而受到很严重的影响。

很多选择恐惧症患者，都有选择困难的明显表现，越是选择多的时候，他们反而更加不知所措。曾经有一家生产果酱的公司专门进行市场调查，想看看哪一种口味的果酱更能够得到大众的欢迎。为此，他们进行了实验。在一个大的场所里摆满了六种口味的果酱，然后让一百个顾客进去选购。然后，再在这个场所里摆放二十多种口味的果酱，再让新的一百位顾客进去选购。结果证实，顾客在面对六种果酱的时候选择购买的概率，远远大于顾客在面对二十多种果酱的时候选择购买的概率。由此可以证实，人在选择最多的时候往往不容易下定

决心，只有在适度数量的选项下，才能快速做出决断。人生也是如此，不需要面对太多的选择，也不要逼着自己只能走一条路。其实，在为数不多的选择中，人们更容易做出理性果断的抉择。因为在为数不多的选择中，人们更容易确立人生的方向，也更容易形成人生的目标。

人生就像在大海上航行，即使是经验再丰富的水手，也需要有罗盘和指南针作为指引。如果没有方向，航行就会漫无目的，也会不知所踪，彻底迷失在海洋深处。人生也是如此，只有在方向的指引下，才能更加有的放矢，也才能在方向的指引下不忘初心，奔赴目标。当然，人还应该有着灵活的思想，因为确立目标并不意味着一成不变，而是要在自己不断努力进取的过程中，顺势而为，随机应变。从而根据自己的优势和长处及时调整方向，也根据自己的劣势和短处即时避开不足，这样才能在生命历程中融会贯通，获得长足的发展。

一直以来，小叶的工作表现都不是很好。这是因为小叶是一个活泼外向的女孩，如今从事的却是枯燥乏味的文员工作，每天与各种各样的文件、数字和表格打交道。这让小叶觉得自己的脑袋都大了。但是，当初小叶学习成绩不好，除了所学的秘书专业，还能做什么呢？

常常感到工作枯燥乏味的小叶，决定辞掉工作，去遇见更好的自己。她辞掉工作之后，先没有着急找工作，而是找到专业的人力资源师进行咨询，询问自己这样的性格、专业，到底适合从事什么工作。小叶所找的专业人力资源师就是她的姑姑。姑姑几乎不假思索对小叶说："这还用问吗，你是做销售的好苗子！"提起销售，小叶有些害怕，问姑姑："销售不是压力很大，据说连睡觉都睡不着！"姑姑笑起来，说："内向敏感的人在做销售工作的时候，也许会因为心理压力太大而出现紧张焦虑的情况。可你从小就是个开心果，性格开朗，活泼爱笑，还大大咧咧的粗线条，我觉得你没问题。你知道吗，销售工作虽然很辛苦，很累，但是收入也是很高的。你要相信自己一定可以做到。"对于姑姑的鼓励，小叶陷入沉思。她的确很缺钱，要买智能手机，要买漂亮衣服，但是既然已经毕业了，就不能再和爸爸妈妈要钱。在咨询完姑姑之后，小叶才专门了解和研究了销售工作，最终下定决心挑战自己。

果然，不出姑姑所料，小叶做起销售来得心应手，虽然卖的是房子，是大额不动产，但是聪明伶俐、勤学好问的她，才进入公司半个月就开了生平第一单。小叶高兴不已，姑姑也由衷地对小叶竖起大拇指："小叶，你只要坚持去做，前途一定不可限量。"

如今在职场上，很多年轻人都抱怨工作很疲惫辛苦，或者抱怨自己在工作上没有得到丰厚的回报。殊不知，当你对人生迷惘，总是把时间和精力花费在自己不擅长也不精通的事情上时，你的人生常常会做无用功。就像我们曾经学过的那篇课文，如果总是南辕北辙，就一定无法把很多事情都做好。尤其是在方向错误的情况下，很多原本有利的因素都会变成不利因素，导致事与愿违。

当然，要想确立正确的人生方向，要想把好钢用在刀刃上，我们就要先客观公正地认知自己。否则，如果对于自己都没有准确的定位，如何才能发挥自己的特长，让自己更好地成长和发展呢？定位在先，方向在后，当我们设定人生的航线后，就可以开足马力勇敢前进啦！

按照你想要的样子生活，活出自己的姿态

如果把人生喻为一座金字塔，那么位于金字塔尖的人一定是少数，一部分人位于金字塔的中部，绝大多数人都位于金字塔的底部。这是因为大多数人都是普通而又平凡的人，拥有着平实的人生，而只有少数人才能在人生之中出类拔萃，卓尔不群。对于寻常人而言，真正的成功是什么呢？是模仿成功者，向成功者取经，活成成功者的样子吗？当然不是。因为即使你模仿成功者获得了成功，你的成功也是一个复制品或者仿制品，而不是真正属于你的独特的、与众不同的成功。对于任何一个人而言，真正的成功都不是获得世俗意义上的成功，而是活成自己想要的样子，让自己有更强的识别度，和其他人截然不同。

作为意大利大名鼎鼎的诗人，但丁曾经说过，走自己的路，让别人说去吧！听起来，这句话带着纵情的肆意和洒脱，而实际上，要想真正做到这句话却是很难的，因为每个人都是人群中的一员，都是社会的一个成员，难免会被别人评价和断言，也会被社会上的各种约束所禁锢。为此，我们所谓的自由实际上不是绝对的自由，而是在符合社会道德规范和法律规定之下的自由，我们要在有限的自由空间内活出无限的自由状态，这是一门艺术，也是一门技术。

爱琳是一位小学老师，她给同学们出了一篇作文，作文的名字叫《我的梦想》。很多同学的梦想都很实在，他们之中有人想当老师，有人想当医生，也有人想当律师，还有人想要成为一个政府官员。但是唯独罗杰的梦想很奇怪，原来罗杰在作文里写道："我的梦想是拥有一座辽阔的庄园，至少要有几十公顷吧。庄园里，不但会种植各种各样的植物和瓜果蔬菜，而且要建造带游泳池的酒店，这样一来，其他人来庄园里旅游或者休假的时候，可以居住在酒店里。我特别喜欢玩卡丁车，我希望我的庄园里还可以建造卡丁车跑道，我什么时候想玩都可以，尊贵的客人们也可以玩。我的庄园还有一个很大的广场，我们在广场上举行篝火晚会，大家载歌载舞，玩得不亦乐乎。"老师给很多同学的作文都打了A等级，唯独给罗杰的作文打了C等级。老师对罗杰说："你要重新写一篇作文，至少要写能实现的梦想。你的爸爸妈妈都是租种土地的人，你是不可能拥有自己的庄园的，而且你说的这种庄园我根本都没有见过。”但罗杰拒绝重写作文，而宁愿要一个C。而且，他坚定不移对老师说：“老师，我一定会有自己的庄园！”

若干年后，爱琳已经成了老太太，即将退休。有一天，她在收拾阁楼的时候看到了厚厚的一摞作文本，上面落满了灰尘。爱琳打开作文本，赫然看到《我的梦想》，她忍不住笑起来，继续一篇一篇地翻看作文本。爱琳突发奇想：孩子们如今都已经长大成人，是否实现了自己的梦想呢？为此，她在报纸上刊登公告寻找学生们，索要地址把作文给学生们寄过去。只有很少的孩子实现了梦想，那个梦想不切实际的男孩罗杰根本没有任何消息。有一天，爱琳正在修剪草坪，一辆车停在她的家门前，车里走下来一个西装笔挺的中年男性。爱琳定睛细看，认不出来对方是谁，这个时候，中年男性热情地喊道：“爱琳老师，我是来接你去看我的庄园的！”爱琳惊讶不已，这个看起来俨然是成功男士的人居然是罗杰。罗杰带着爱琳去了他的庄园，爱琳真的被震惊到了。罗杰实现了自己的梦想：辽阔无边的庄园，硕果累累的果树，卡丁车跑道，巨大的游泳池，而且还有篝火晚会。爱琳激动地落泪：“孩子，当年我错怪了你！”罗杰兴奋地对爱琳说：“老师，正是你的质疑才让我坚持实现了梦想。我要感谢你！”爱琳把罗杰的作文还给他，罗杰兴奋不已，内心满怀欣喜。

每个人都有自己的梦想，真正能够活出精彩人生的人，都是那些能够坚持梦想的人。事例中，罗杰在老师的打击下坚持了自我，所以才能真正实现自己的梦想，如果他的内心不够强大，轻而易举就放弃了努力，那么也就不会有这样激动人心的时刻。当别人都嘲笑你的梦想时，请记住，被嘲笑的梦想才是真正的梦想。不管别人说什么，只要你坚持去努力实现梦想，决不放弃，你就一定会在追求梦想的道路上越走越远，直到梦想的彼岸。

遗憾的是，现实生活中，大多数人都是普通人，他们对于梦想往往无法坚持。他们总是过于看重别人说什么，如此一来，常常在别人肆无忌惮、不负责任的评价中迷失自己，也常常在人生的正确道路上偏移。记住，每个人都是人生的主宰，都有属于自己的人生。每个人最大的成功就是活出自己的精彩，而不是一味地迷失，漫无目的地面对生活，任由生活摆弄。记住，活成自己想要的样子，理所当然应该成为你的人生目标，也成为你的人生姿态。

在人生道路上始终不忘初心，砥砺前行

此时此刻，如果有人问你“你的人生成功吗”，你会怎么回答？你大概会愣怔一下，因为活了这么久，你还从未认真地思考过自己的人生是否成功。提到这个问题，就不得不说起什

么才是成功。实际上，每个人都是独立的生命个体，每个人对于成功的定义都不可避免地带有强烈的主观态度。因此，每个人对于人生是否成功都有自己的理解和感悟，也有自己的定义和标准。

但是，如果有人问你是否想要拥有成功的人生，相信你一定会不假思索地点点头，毕竟每个人都想要拥有成功的人生，这一点是毋庸置疑。遗憾的是，大多数人追求成功而不得，虽然很想要获得成功，却在奔向成功的过程中迷失了自己。如何才能用有限的精力过好精彩的人生，这是一个难题，必须要慎重对待。

大多数人对于成功的定义都无外乎以下几个方面，例如事业有成，生活幸福，爱情丰收，再有可爱的儿女，人生几乎没有什么遗憾了。然而，这看似简单的几个大项目，实际上对于人生的影响却是很大的，而且要想在各个方面都取得说得过去的傲人成果，也是很难的。正因为如此，人人都渴望成功，人人又都会在左右支绌中迷失自我。要想坚定不移地奔向成功，我们就要全力以赴去努力，抓住一切一闪即逝的好机会，这样才能充实自己成功的资本，也才能在成功的道路上不忘初心，砥砺前行。

在毕业典礼上，哈佛大学的校长曾经语重心长地告诫每一个毕业生：“人生的道路很长，你可以给自己留下退路，但是你一定要先去做喜欢的事情，而不要一开始就怯场！”的确，人生短暂，等到真正感受到光阴易逝的时候，我们往往就没有机会去挽回命运了。只有全力以赴做好自己想做且热爱的事情，我们才能最大限度接近成功，也才能在人生的历程中活出独属于自己的精彩与辉煌。

每个人都有自己的理想，也有自己的兴趣爱好。在没有把兴趣爱好发展成为理想之前，我们依然可以专心致志做自己感兴趣的事情，这不会影响热情的发挥，也不会影响结果。最重要的是，我们要认识到人生短暂，这样才能争分夺秒抓紧生命的时光，做自己想做的事情。正如有人所说的，健康的身体是第一，其他的一切都是零。只有在生命健康的基础之上，我们才能拥有其他的一切。否则当生命归零，拥有得再多又有什么意义呢？

不管是对待生活还是对待工作，我们都要怀着十足的热忱和真挚的热爱。正如人们常说的，兴趣是最好的老师，如果一个人对于人生始终缺乏兴趣，也没有热情，那么可想而知他不管做什么事情都不可能真正做好。为此，我们一定要怀着积极的热情，这样才能在生命的历程中最大限度爆发出力量，也才能在成长的道路上砥砺前行，不断进取和努力。作为苹果的创始人，乔布斯享有很高的声誉。在斯坦福大学给学生们进行演讲的时候，乔布斯告诉每一位学生，只有找到自己所热爱的东西，人生才会有无限的希望和可能性。也许乔布斯正是因为热爱自己的事业，所以后来才会做出那么伟大的成绩。当然，坚持的过程是痛苦的，如果坚持自己喜欢的事情，还可以从中得到安慰和满足。反之，如果坚持的事情是自己不喜欢的甚至是厌恶的，那么就会从中感受到不满和遗憾，以及无聊乏味等滋味，这些滋味对于帮助人坚持没有任何好处，只会让人更快速地放弃。任何时候，我们都要坚持做喜欢的事情，这样我们的生命才会熠熠闪光。

按照自身的想法，做最自由和快乐的自己

每当提起理想的生活，很多朋友都会说希望自己人身自由、财务自由。提起来，人身自由和财务自由都是简单的愿望，但是真正要想实现这一点，却非常难。因为人身自由至少要不受到工作时间的局限，而财务自由则必须赚取足够的金钱。难以想象，除了自主创业且事业有成的人，以及那些高精尖人才之外，还有谁能够如此自由呢？当然，人的本性就是追求自由，每个人最大的愿望就是随心所愿地生活，而不要被生活的洪流裹挟着往前走，没有任何选择的余地。要想实现人生最大的梦想当然不是一件容易的事情，大部分人都是普通而又平凡的人，都要摆脱平庸，变得出类拔萃，才能活得更容易一些，也才能得偿所愿尽情享受生活。

梦想，从来都是最具有个性的东西，而不是可以盲目模仿

他人或者被他人模仿的。有人梦想成为老师，有人梦想成为科学家，有人想做小生意，有人还想要上太空，总而言之，每个人都是这个世界上独一无二的生命个体，每个人的梦想也是截然不同的。然而一切的梦想归根结底，都可以用“随心所愿”来作为概括和总结，而每个人最大的人生理想，用这四个字也足以表达。

现实生活中，很多人喜欢对他人的生活指手画脚，对他人的所作所为妄加评论。而当自己也被他人横加干涉或者妄加评论时，他们这才觉得内心很痛苦，也对别人很憎恶。从这两个方面而言，人固然不能冷漠，却也不要过多与他人纠缠在一起，很多情况下，明哲保身是完全有必要的。人与人之间有一个安全边界，就像在西方国家人们在交谈时，彼此之间都会保持一定的社交距离。实际上，人的安全边界不仅仅在于身体上的距离，更在于心理上的距离。每个人唯有调整好自己的心态，让自己能够最大限度发挥力量，创造美好的生活，这才是最重要的。

有一次，央视一位主持人在美国录制节目。他看到有一辆非常漂亮的大卡车停在马路边，而且这辆车上有着满满一车的货物。这辆大卡车尽管装满了沉重的货物，但是却非常干净整洁，而且车内驾驶室里还挂着很多精美的装饰，可见货车的主人很爱惜自己的货车。

货车主人是个中年男人，不但身材魁梧，而且相貌堂堂。

和大多数货车司机脏兮兮油腻的形象不同，这个货车司机西装革履，而且胡茬泛出青色的光芒。如果不是因为他此时此刻的确坐在驾驶室里，人们根本想不到他居然是个货车司机。主持人突然产生冲动，想要采访这位货车司机。司机热情地邀请他上了自己的车，主持人这才发现在驾驶室后面，居然还隐藏着一个小小的家，不但有各种生活必需的电器，还有沙发和书柜，以及卫生间呢！主持人震惊了，司机说："这几年来，我就是开着这辆货车走遍了整个美洲，它是我流动的家，还会伴随我走遍世界的每一寸土地。"司机的脸上满是骄傲，崔永元敬佩地问："开货车是您的理想吗？"司机笑着说："当然，我从六岁开始就梦想着成为一名货车司机，我爸爸还很支持我呢！后来我初中毕业，如愿以偿进入汽车职业学校，几年之后就开上了梦寐以求的大卡车。我还记得我第一次开卡车的时候，我的父母甚至比我更加激动和兴奋呢！"看着司机喜形于色的样子，支持人在心中说道："你真幸运，你实现了自己的梦想！"

如果是在中国，当孩子说出自己长大之后想成为货车司机，那么父母一定会劈头盖脸对孩子一顿数落。因为大多数父母对于孩子今后的职业抱有很大的期待，绝不仅仅局限于货车司机而已。事例中，司机无疑是幸运的，但是他最大的幸运不在于如愿以偿开上了货车，而在于他有认可与理解他的父母，而且他的父母还很支持他的理想。如今，太多的父母都望子成龙、望女成凤，还有很多父母逼迫孩子继承自己的梦想，实现自己未尽的人生愿望。殊不知，孩子虽然因着父母而来，却是自己人生的主人。而父母尽管给了孩子生命，却不该强求孩子一定要按照他们的意愿去生活。

每个人都有权利主宰自己的人生，每个人都有空间形成自己的梦想。众所周知，人生总是反复无常的，每个人要想主宰命运，就必须竭尽全力提升和完善自己。任何时候，我们只有按照自身的想法，做最自由和快乐的自己，才能拥有梦寐以求的理想人生。

唯有自己才是自己的造梦师

如果这个世界上有一种职业叫作造梦师，那么从事造梦师工作的人，一定会每天都顾客盈门，甚至忙得连打盹的时间都没有。这到底是为什么呢？因为人人都有梦想，人人都渴望着梦想成真。然而，通往梦想的道路总是艰难坎坷，如果在跋涉之中遇到阻碍就轻易放弃，那么实现梦想就会变得遥遥无期。基于这样的情况，可以说，对于每个人来说，唯有自己才是自己的造梦师。要想实现梦想，求人远远不如求自己。正如人们常说的，自己是自己的上帝，自己是自己的神，自己是自己的奇迹。由此可见，人生的很多问题最终都指向我们自己，所以每个人唯有从容面对自己的内心，深入挖掘自身的能力，才能最大限度激发出自身的潜能，让自己成为梦想中的样子。

从另一个角度而言，一个人想要成为什么样子，与其他人其实关系不大。所以不管在什么情况下，也不管你有怎样的理由和借口，都不要随随便便就把自己的梦想强加于人。哪怕是父母，也不该把未完成的梦想和人生理想寄托到孩子身上。孩子虽然是因着父母来到这个世界上，但是孩子并非是父母的附属品，也不是父母的私人产物。所以可想而知，既然生养了孩子的父母都无权干涉孩子的梦想，更何况是其他的人呢？换个角度来说，一个人不但不能把自己的梦想强加于人，而且就算他人真的实现了他的梦想，对他来说又有什么意义呢？父母会为了孩子的成功而感到欣喜若狂，但是在其他的人际关系中，一个人的成功并不能改变另一个人的生活，因为他们原本就是相互独立，毫不相干的啊！从这个角度而言，不管在人生中面对怎样的困境，也不管生命如何困厄，我们都应该坚持自身的梦想，而绝不要企图把梦想寄托在他人身上。

行走在人生路上，人人都会遭遇挫折困厄。有些人如同打不死的小强一样，在摔倒之后拍拍身上的泥土，马上又开始行动起来。而有些人哪怕遭遇小小的失败也会立刻一蹶不振，沮丧绝望。人们常说，命运总是青睐成功者，实际上命运并不是青睐成功者，而是偏爱勤奋的人。一个渴望实现梦想的人，一定要拼尽全力发掘自身的力量，不遗余力冲着梦想走下去。人生是无常的，没有人知道人生终将会走到何处，实现怎样的未来。既然如此，未知既代表着风险，也代表着机遇，积极乐观者就更要借此机会抓住机遇，创造人生的奇迹。

珍妮老师非常可爱，总是能知道学生们心中的所思所想，也对学生们和气友善，把学生们当朋友。一天，珍妮老师比预计的时间提前结束讲课，因而她灵机一动问同学们："同学们，你们的梦想是什么？"珍妮老师话音刚落，同学们就像打开了话匣子一样，马上七嘴八舌说起来。有的同学说自己梦想着成为老师，有的同学说自己想当医生，还有的同学立志要成为科学家，也有的同学想当大官。只有杰瑞的梦想与众不同，杰瑞说自己要去中国的西藏看一看布达拉宫，还要去九寨沟看一看人间仙境，也要去非洲看狮子，甚至要与狮子拍一张合影呢！那时的杰瑞只是个羞涩的穷人家的孩子，这样的梦想对他而言过分远大。不仅老师不相信杰瑞能实现他的梦想，就连同学们也纷纷表示怀疑。

若干年后，已经退休的珍妮老师突然想起同学们当日的梦想，尤其对杰瑞的现状特别关心。她当即翻出通讯录，开始一个个联系同学们。让她感到震惊的是，一个已经完全忘记了梦想的同学告诉她："老师，你还记得杰瑞吗？他非常厉害呢，如今成为一家旅行社的老总，不但走遍了世界上的每一个角落，还正在策划送人去月球上旅行呢！"老师大吃一惊，不知道杰瑞是如何做到的。在得到杰瑞的公司地址后，珍妮老师当即去拜访杰瑞。也许是因为行了几万里路，杰瑞看起来和小时候完全不同，曾经那个羞涩的男孩消失了，站在珍妮面前的是一个自信、成熟也非常成功的杰瑞。珍妮老师激动不已，杰瑞却说：“老师，我真的实现了自己的梦想。”

在梦想遭到所有人嘲笑的时候，杰瑞却没有忘记自己的梦想，而是始终朝着梦想奋进。他如今的身份是旅行社老总，实际上他最初的时候只是一名普普通通的导游，每天都要带着游客四处奔波，就像保姆一样照顾好游客。但他始终不忘初心，所以才能得到自己梦寐以求的人生。

人人都有梦想，我们既没有资格嘲笑别人的梦想，也没有必要因为梦想受到嘲笑而沮丧绝望。人生是短暂的，却也是漫长的，漫长得足够支撑人实现梦想。然而，我们一定要记住的是，梦想从来不会等待任何人，人生也经不起毫无意义的消耗。要想亲手打造属于自己的绚烂人生，我们就要当机立断展开行动!

真实且充实的人生，才是真正的成功

人人都渴望有出色的表现，渴望出人头地。然而，成功从来不是一蹴而就的，当无数人都跌倒在通往成功的道路上时，你也可能成为其中之一，甚至无法爬起来。当你匍匐在地上逃避着残酷的现实和激烈的竞争，比起那些踩踏在你的身上匆匆忙忙奔向前方的人，你有什么资格抱怨自己不曾得到命运的善待呢？命运总是公平的，它为一个人关上一扇门，还会为一个人打开一扇窗户。真正的强者从来不会妥协，总是想把真正的精彩呈现在世人面前。

人的本能有很多，渴望得到他人的关注和认可，是其中的一项。马斯洛的需求层次理论把人的需求分为五个层次，最低层次是基本的生理需求，最高层次是精神方面的需求。如今，社会不断发展，物质极大丰富，大多数人都已经过上了小康生活，温饱有余，这样一来，他们自然希望满足自己的精神需求。所谓有需求就有市场，随着人们对于精神满足的需求越来越强烈，现代社会四处都充斥着关于成功学的知识，似乎只要读懂了成功学，成功也就不在话下了。殊不知，成功是一个很复杂的命题，远远不是粗浅的成功学能够搞定的。成功学也许能教会人们很多关于成功的技巧，也为人们指出通往成功的捷径，但是却不能帮助人们真正获得成功。

极度空虚的心灵，使得现代人晒起成功来也是毫不吝啬。就以朋友圈为例，很多人都会在朋友圈里晒幸福，尤其是到了节假日，不是去海南三亚旅游的，就是去马尔代夫潜水的，最终大家都在家门口的超市里碰到了。不得不说，这是莫大的讽刺。人比人气死人，尽管我们不必要畏惧和他人比较，却也不要用这么低级的方式与他人比较。否则，我们的心灵只会更加空虚，人生也会变得暗淡起来。

除了晒幸福，唯有真正享受生活，人生才充实。其实除了经营朋友圈之外，还有很多有意义的事情值得我们去做。例如利用工作之余的时间多多读书，努力锻炼身体，保持身材的匀称和身体的健康，还可以去郊外看一看，听一听鸟语花香。追求自然和本真的生活态度，不必将自己扮成明星。即使明星也不是那么光鲜亮丽，完美无瑕的。

不管是明星还是网红，也都是人，不可能永远完美。当一个人有勇气面对真实自然的自己，他才算真正领悟人生的真谛。完美只是生活的假象。我们既要追求完美的生活，也要告诉自己保持真实。归根结底，一切假的东西都不能长远，只有真实才是永恒的。采取各种非常手段赢得他人的点赞，固然能够满足我们一时的虚荣心，但也可能让我们在理想和现实之间产生落差，因为事情都不可能完全按照我们所期待的样子呈现。只有坦然从容，我们才能在人生之中有更美好的未来。

第02章

找到喜欢的生活方式，铭记初心静待花开

人生之中，我们每个人都在往前走，都在朝前看，久而久之，我们可能会忘了最初上路的目的，我们为此常常感到迷惘，不知前方的路该怎么继续，此时，你不妨停下脚步，等一等自己走散的灵魂，埋没在红尘中的我们，哪怕此刻无法踏上征途，也要始终记住，不忘初心，方得始终，至少将我们的初心好好地珍藏在心中，指引我们走好人生的每一步。

即使错过了人生中美丽的风景，也不要气馁

人生之中，没有人能够把每件事情都做得恰到好处，更不可能把每个机会都牢牢抓住。因而，遗憾也就成为人生中不可避免的，人人都有可能遭遇遗憾，然而遗憾未必都代表着彻底的失败。正如西方的一句谚语所说的，如果你因为错过了太阳而哭泣，那么你也将错过群星。在人生中也是如此，不要因为小小的遗憾就活在痛苦的回忆中，否则就无法改变心态，迎接充满希望和美好的未来。

没有人的人生之路会是顺遂如意的，每个人在人生之中都会遇到各种各样的坎坷和挫折，这是人生的本相。面对人生的颓废和沮丧，如果不能尽早振奋精神，就会更加被动。还记得鲁迅笔下的祥林嫂吗？原本祥林嫂失去了孩子，很值得大家同情，但是因为她总是向每一个人诉说自己的悲惨遭遇，所以最终招人厌倦，人生陷入窘境。

明智的朋友会知道，人生没有过不去的坎，也不能有过不去的坎。否则当人生一味地沉沦下去，又如何能逆转局面，获得成功呢？记住，一个人哪怕失去一切，也不能失去征服命运的勇气和毅力。一个人唯有怀着希望，满怀自信地在人生的道路上前行，才能勇往直前，战胜遇到的一切困难。有人说人生

是一场没有归途的旅程，的确，人生是没有回头路可走的，每个人只有在人生的境遇中坚定不移勇往直前，才能走出坎坷与泥泞，走入人生中更美好和崭新的境界。

即使错过了人生中美丽的风景，也不要气馁，因为唯有怀着积极的信心和勇气，执着前行，才能走出人生拐弯处，收获人生的柳暗花明，与人生中的美好不期而遇。总而言之，任何情况下都不要轻易放弃人生，一个人要想成为真正的人生强者，只有充满勇气，决不放弃。正如曾经有一位名人所说的，哪怕失去了所有的东西，如果能坚持不懈，充满勇气和希望，那么人生就是充实且富足的。

常言道，人生没有过不去的坎，说的也是这个道理。只要怀着积极进取的心，在人生之中决不退缩和畏惧，人生的一切难关都会成为过去时。相反，如果人被内心的胆怯禁锢住了，在人生的历程中时常觉得悲观，那么也就会失去希望，变得沮丧绝望。这一点对于每个人而言才是最可怕的。所谓哀莫大于心死，一个人在错过美景之后就彻底闭上眼睛，当然不可能再看到任何心仪的景色和美好的画面。

人生，应该时刻都保持勇气，决心和毅力。每个人都不要奢望人生会是充满希望的，更不要奢望希望始终悬挂在触手可及的地方。最重要的在于，我们的内心要有力量，要怀着希望，要拥有光明，这样才能在人生的路上砥砺前行，也才能在人生之中不期而遇美好的未来。记住，生命是一个不断储备的过程，没有人的人生会是永动机。任何情况下，我们都要学会与生活抗争，努力主宰和掌控命运，这样才能为生命积蓄力量，也才能在生命的绽放中收获美好。

平凡的生活，需要一些仪式感

在每个人的生活中，都会碰到各种各样的情形，这是因为每个人都是这个世界上特立独行的个体，每个人的生命也都是不可复制、与众不同的。当生活熙熙攘攘，整个时代都在以前所未有的姿态带着人向前奔跑，我们会觉得疲惫和劳累，或者感到应接不暇，此时，为何不能够停下来，认真思考生活到底应该怎样度过呢？不可否认的是，生活需要仪式感，如果我们因为忙碌而忽略了对于生活的经营，渐渐地，我们的生活就会变得了无趣味。很多人在咖啡里加入牛奶和糖，因为这可以改变咖啡原本苦涩的味道，让咖啡的滋味变得更加香醇。不得不说，生活也是需要调味料的，如果没有任何调味料，生活就会变成一杯苦咖啡，心甘情愿品味它的人会很少。

在影片《蒂凡尼的早餐》里，奥黛丽·赫本饰演的霍莉就是一个很讲究生活方式的人，她的生活尽管并不富裕，她却很善于把生活过得有滋有味。她没有真的珠宝首饰，就戴着假的珠宝首饰，还会身穿精致的黑色小礼服。她丝毫也不觉得自己是贫穷的，也不觉得自己的生活很粗糙，而是慢慢地品尝着热咖啡，吃着最普通的面包，对着橱窗欣赏着街景。看着她吃早餐的态度，你甚至会怀疑她正在品味满满一桌子的美味佳肴。这样的仪式感，给霍莉的生活带来满满的诗意，也让她的内心始终对生活充满希望，充满美妙的幻想。

现实生活中，有太多的人缺乏这样的诗意。也许是因为生活太忙碌，也许是因为生活太贫瘠，我们就这样忙忙碌碌，甚至没有时间静下心来看一看初升的太阳。每天，我们都日出而作日落而息，甚至都不知道路边有哪些花开了。尤其是在大城市里生活的年轻人，每天早晨都像是在冲锋打仗，常常吃着路边摊上随便买的千篇一律味道的早餐，急急忙忙奔赴公交、地铁。即便如此，我们还是需要使生活充满仪式感，否则如此的忙碌又是为了什么呢？也许很多朋友会感到无奈：这样的日子紧张忙碌，甚至连喘息的时间都没有，怎么会有诗意存身的地方呢？偶尔的浪漫惊喜，正是给生活注入的新鲜活力。例如，在爱人生日的时候，给她送上一份精心准备的生日礼物，暂时离开烟火气息的生活，去高档西餐厅吃顿饭；在结婚纪念日的时候，也许平日里生活拮据，此时不如去酒店里的蜜月房间度过浪漫的一天；父母也许很久都不愿意花费更多的钱给孩子买礼物，毕竟捉襟见肘的生活经不起浪费，但是却可以在生日时为孩子准备一份他心仪已久的礼物，这样一份欣喜，将会是他长大成人之后也牢牢记得的美好回忆……总而言之，不是生活剥夺了我们的仪式感，而是我们的心对于生活渐渐变得麻木，也就无法在生活之中全力以赴。

要想获得生活的仪式感，最重要的是面对生活的心，而不是生活的本质如何。有些人即使过得贫穷，却有着精美的床品四件套，把家里打扫得干干净净，把床品铺垫得赏心悦目。有些人，尽管有着自己的房子，经济也不拮据，但是却从来只知道收拾自己的脸，而不知道收拾家里，不得不说，这样的家和生活是没有仪式感的，也不会对人产生强烈的吸引力。从现在开始，就改变一种态度面对生活吧。当生活既有内容和实质，也有不可或缺的仪式，你一定会对生活有崭新的认识，生活也会回馈给你从未有过的惊喜与怦然心动。

一个女性朋友因为在结婚十年的纪念日，丈夫没有给她送任何礼物，甚至完全把纪念日忘记了，而对丈夫大发雷霆。实际上，作为女性朋友要摆脱一个误区，那就是生活的方式不是由男性给自己的，而是应该由自己主动去参与和创造的。成为生活的参与者和创造者，而不要成为被动接受和享受生活的人，同样的生活，当我们更加热情地拥抱和投入生活、为了追求幸福而让自己更加全力以赴时，我们就会体验到生活的真谛，也会敏感认识到庄严面对自己和生活是多么重要。

现实生活中，女性最看重的仪式感之一体现在婚礼上。她们对于婚礼从不放过一个细节。有些人觉得仪式感没有那么重要，可是当在婚礼上你精心且亲手布置的环节被一一完美实现，当你在众人瞩目下被父亲交给新郎的时候，你会觉得一切的付出和操劳都是值得的。也为此，有人说男人对于轻易追到手的女性不会珍惜，这不是真理，却有一定的道理，这都是因为缺少仪式感导致的。当然，现实生活不是每时每刻都需要像婚礼那么郑重其事，所谓的仪式感说白了就是对待生活中那些看起来好像枯燥乏味的事情，也怀着严肃认真的态度。也许在大张旗鼓去做一件事情之前你还怀疑这件事情是否值得这样兴师动众，但是在真正享受仪式感的过程中，你对于这件事情就有了更加深刻的认知和理解。

很多时候，我们都可以把内容看重于形式，但是任何时候，我们都不能轻视形式。在有内容的基础上，把形式做到最好，发挥到极致，这才是最重要的，也是最关键的。有一天，当你老了，你有更多华美绽放的瞬间去回忆和品味，这不是很好吗？这些瞬间或者有着隆重的形式，或者有着打动人心的一瞬间，或者有着平日生活中所不及的深刻与心灵触动，它们都会让你即使在摇椅上想起，也嘴角带笑，内心温暖。

有足够的耐心，你会看到人生之花的绽放

很多父母会发现，孩子的行动相比起成人来是很迟缓的。有的时候，孩子的思维速度也很慢，哪怕父母和他们说了一些

事情，他们也总是需要很长的时间去接受。为此，有些父母非常心急，总是抱怨孩子太过拖延，或者给孩子贴标签，说孩子是天生的“拖拉鬼”“磨蹭大王”。不得不说，这样的说法不仅是对孩子的误解，也是对孩子很不负责任的。实际上，孩子并不是因为慢才把很多事情都做得磨磨蹭蹭，而是因为他们自有内心的节奏。因为还没有长大，孩子本身学习的节奏就是很慢的，他们习惯于慢慢吞吞面对这个世界，也习惯于如同蜗牛一样做好自己该做的事情。为此，父母的催促对于他们往往不会起到很明显的效果。那些明智的父母在掌握孩子的成长规律之后，不会再一味地催促孩子，也不会总是对于孩子有过高的苛求和奢望。相反，他们就像是守着一朵花，等待花朵的静静绽放。

正如人们常说的那样，每一朵花都有自己的花期，例如月季花开放很频繁，在春暖花开的日子里，几乎每个月都会开花。和月季花相比，昙花的绽放就短暂而稀有，则要想欣赏到昙花的美丽，我们就必须非常用心，必须耐心守候。如果你学过《揠苗助长》的文章，那么就会知道对于事物本身的规律一定要遵守，否则就会事与愿违。为此，做人做事不但要有恒心和毅力，不要违背事物规律去催促事物发展，扰乱事物自身的成长节奏，否则必然会导致事情的发展变得混乱，也会使得预期的效果不能实现。

作为刚刚毕业的大学生，刘东迫不及待想要在工作上做出表现，为此他非常心急，每天都主动加班，每当领导有艰巨的任务分派不出去的时候，他就会主动承担。由于他总是毛遂自荐，而且在其他同事恨不得躲开加班的时候主动加班，不知不觉间就得罪了很多同事，变得人缘很差。

最近，公司正在分小组承包工作任务，展开PK，刘东找了好几个同事想与他们合作，都被他们拒绝了。有个同事索性阴阳怪气地对刘东说："刘东啊，你这么能干，可以找领导申请单独成立一个组，相信以你的工作热情和能力，夺冠是肯定没问题的。"刘东尽管知道这个话不好听，但是想到同事们最近对他都很生疏，他也不好说什么。后来，还是在领导的强制安排下，刘东才与自己成立小组失败的三个同事成为一个组。在这次工作的过程中，刘东意识到自己的问题所在，再也没有处处争先，而是很低调，有什么问题都先征求老同事的意见，让自己成为老同事的助手。同事们看到刘东的诚意，对于刘东也就没有那么排斥和抗拒了。这次工作，刘东和整个小组成员通力合作，获得了公司第二的好成绩。此后的日子里，刘东再也不处处拔尖，而是让自己更加谦虚低调，和同事相处得更加友好融洽。

对于每个人而言，成长都是要一步步进行的。尤其是在职场上，作为新人的职场菜鸟也许刚刚从大学里走出来，掌握了很多重要的知识，但是却因为缺乏工作经验，所以根本不可能有的放矢去做好每一件事。在初入职场的时候，必须要端正心态，摆正自己的位置，我们才能与同事更好地相处，也以谦虚低调和勤奋好学的工作态度，赢得同事的认可和尊重。记住，人生从来没有重来的机会，只有不断地努力，持续地进取，人生才能实现可持续性发展，个人也才能不断地成长，攀登到更高的地方。

如今，已经不是个人英雄主义的时代，一个人即使能力再强，也不可能在生活和工作中面面俱到。唯有摆正自己的位置，懂得与人合作，我们才能在努力奋进的过程中，得道多助。反之，假如我们总是无视他人的感受，而把自己突出更多，那么在这个讲究合作的年代里，我们必然遭人唾弃，失道寡助。记住，不管做什么事情都不要心急，当你有足够的耐心等待，你就会看到人生的花静静绽放。

平静内心，别让你的人生被欲望困住

曾经有个女性去大海里捡泥螺。没想到，从未下过海的她在大海没入腿部的淤泥中挣扎了没多久，就感到精疲力竭。此时，她距离岸边很远，没有力气马上回到岸边了。又因为没有经验，没有随身携带喝的水，她不但累，而且渴，很快就觉得浑身乏力。这位女性渐渐意识到自己的生命受到了威胁，因而突然捧起海水喝了起来。身边有经验的同伴都告诉她海水越喝越渴，她却无法控制自己，不停地说："我太渴了，我太渴了。"果然，她喝完如同泥浆般的咸涩海水后，觉得口中更加焦渴，整个人感觉昏天暗地的。幸好后来有小木船经过她的身边，她才获救，回到岸边。

也许有人会说，只要带着淡水下海，就不至于这么焦渴。但在这个故事中困住这位女性的不是缺少淡水，而是缺少对水欲望的克制。现代社会，随着物质的极大发展，人们对于物质的渴望越来越多，而且毫无限度，这就导致人生陷入欲望的深海中，无法自拔。这种因为欲望导致的焦渴，是来自人的内心深处的，根本无法靠外物缓解。明智的朋友们会更加积极主动地控制自身的欲望，不让自己在欲海中浮浮沉沉，无限焦渴。人会因为欲望的焦渴做出很多丧失理智的事情，从而万劫不复，当官的轻则丢掉官帽，重则陷入牢狱之灾，甚至是丢掉性命。普通人呢，也会因为被欲望牵绊，失去内心的平静安然，变得焦灼不安。

从这个意义上来说，一个人即便拥有得再多，假如无法做到知足常乐，也是会被欲望胁迫着接受人生被动的宣判。从本质上而言，知足常乐是一种心态，更是一种良好的人生状态。当然，人并非生就懂得知足常乐的道理。要想让知足常乐成为人生的底色，我们就必须调整好自己的心态，也摆正自己在人生之中的位置。

一个人进入沙漠寻找宝藏，但是经过长久的努力，他依然一无所获。最可怕的是，经过长久的寻找，他的身边不但没有食物，连一滴淡水也没有了。他又渴又饿，精疲力竭，身上疲劳无力，只能躺在沙漠中等待死神的到来。在生命即将结束的那一刻，他向上帝祈祷："上帝啊，请帮帮我吧。"上帝真的出现在他的眼前，他赶紧说："我又饥又渴，想要食物和水，哪怕只有很少也行。"上帝满足了这个人的请求，他狼吞虎咽，吃饱喝足，渐渐恢复了精力，因而又起身朝着沙漠深处走去。他始终梦想着沙漠深处的宝藏，不愿意轻易放弃。很幸运，他的确支撑着走到沙漠深处，找到了宝藏。等到他贪婪地把身上所有的口袋都装满宝藏之后，他的负重变得很大。他一边怀着憧憬走出沙漠，却在途中不得不因为体力不支不断地丢掉那些宝藏。最终，他还没有走出沙漠，就精疲力竭地倒在沙漠里。这次，他又向上帝祈祷，告诉上帝他需要大量的食物和水，要取之不竭，用之不完的。毫无疑问，上帝没有满足他的贪欲。

在这个人即将死去的时候，上帝其实给了他机会，让他逃生。遗憾的是，他一心一意只想着沙漠深处的宝藏，没有趁着体力好的时候走出沙漠，却背道而行，走向沙漠深处。最终，他虽然幸运地找到了宝藏，却根本没有好运气把这些宝藏带出沙漠。不得不说，人直到面对死亡时，都会有欲望。然而，欲望是永远难以填平的沟壑，欲望越多，人就越是不容易满足。因而要想知足常乐，最重要的不是无节制地满足欲望，而是要控制自身的欲望，避免在欲望的海水中越喝越渴。

时常自我反省，更从容地面对人生

美国石油大王洛克菲勒的一生可谓传奇，然而他在奋斗的后期，却变得非常苍老，健康状况也急剧恶化，这最终导致他不得不提前退休，过起悠闲安逸的生活。对于洛克菲勒，人们毁誉参半。他的邻居们都不喜欢他，他的弟弟也很厌恶他，甚至他的合作伙伴们，也都对他敬而远之。原来，洛克菲克是一个特别焦虑的人，他总是杞人忧天，无法使自己的心情保持平静。在常年累月的焦虑中，他的生意越做越大，但是他的身体也越来越差。曾经很年轻体壮的他，在53岁时就已经瘦骨嶙峋，步履蹒跚了。

最终，每个月赚取上百万美元的他，不得不依靠酸奶和苏打饼干维持生命。他真正能够享受的食物“经费”，每周不足两美元。因此，他只能接受医生的建议，彻底放下生意，学习打高尔夫，参加他曾经称为奢侈运动的各种有益健康的活动，而且绝不为任何事情感到烦恼。这样一来，他总算侥幸捡了一条性命，也没有因为焦虑再使生命健康受到威胁。最终，作为守财奴的他找回了心灵的宁静，真正获得了无忧无虑的人生。

尽管我们作为普通人不像洛克菲勒一样成功，但是我们之中的大多数人都和原来的他一样陷入焦虑之中，无法自拔。人的欲望是永无止境的，人对于自己人生的渴望也是超乎寻常的。然而，人的时间和精力都是有限的。我们不可能把人生的每一分每一秒都用于工作，每个人都应该劳逸结合，既要拼搏进取，也要根据自身的实际能力，做到适可而止。由此一来，我们才能平衡好人生之中各种微妙的关系，使自己的人生更加淡定从容，最大限度获得好的结果。

人生路上，我们都要学会反省自我。这就像一辆列车在高速路上的服务区进行小憩，在此期间，我们可以对此前的人生行程进行总结，也可以对自己之后的人生之路进行更好的规划。由此一来，我们的人生当然变得更加从容，也更有秩序。与此同时，我们也因为适当的休息，得到内心深处的宁静，从而享受生命的安静美好。

对洛克菲勒而言，他亲自创立的斯丹达石油公司遭受官司，面临着巨额罚款，应该是最难以承受的事。当接到美国政府的裁决，责令斯丹达石油公司因为违反美国的《反托拉斯法》必须付出高额罚款，斯丹达公司当即聘用整个美国最优秀的律师们，开始了这场针对美国政府的法庭论辩。遗憾的是，斯丹达公司最终还是输掉了官司，不得不支付高额罚款。

在法庭上，法官当庭宣布了处罚决定，当大多数律师都在担心洛克菲勒无法承受这样沉重的打击时，他们不知道洛克菲勒早就彻底改变了。就在法庭宣判的当天晚上，一位律师受到大家的委托，小心翼翼地打电话通知洛克菲勒法官的裁决。他在拿起电话之前，想了很久，才想出尽量委婉的方式以避免刺激洛克菲勒。最终，他还心惊胆战地安慰洛克菲勒：“洛克菲勒先生，我们都已经尽力了，希望您也能够坦然接受这个裁断，晚上依然能够睡个好觉。”不想，洛克菲勒对此不以为然，当即说：“放心吧，约翰，请你也不要担心了，我会睡个好觉的。就这样吧，晚安。”

随着轻描淡写的话，洛克菲勒先生挂断了电话。果不其然，他和往常一样酣然入睡，丝毫没有受到这个电话的影响，更没有因为巨额罚款弄得自己寝食难安。

曾经，洛克菲勒因为是否为一批货物上一百五十美元的保险焦虑不安，夜不能寐，如今他即便面临这样的巨额罚款，也能够坦然自若，不以为意。不得不说，洛克菲勒用了半生的时间与焦虑作斗争，如今终于成功战胜了自己的焦虑，所以他才能在五十三岁被医生宣判“死刑”之后，又活到了九十八岁。不得不说，洛克菲勒用前半生创造了生意场上的奇迹，用后半生创造了人生的奇迹。

朋友们，你们是否也因为各种艰难坎坷的处境，让自己陷入焦虑之中呢。其实，焦虑根本无法解决任何难题，它只会使人变得更加无助。人生中真正的强者，能够以坦然之心战胜焦虑，驾驭焦虑，然后恢复平静。人人都想当人生的主人，只有能够驾驭自身情绪的人，才是命运的主宰者，成为人生的掌舵人。

走了那么久，你还记得当初的梦想吗

生存是一场战役，每个人都在不停的向前奔跑，可是，你能够跑到哪里去呢？你又想要走向何方呢？在人生的每个重要的十字路口，人都会遇到各种各样的选择。选择适合自己的那条路，奋力追赶不放弃任何一个选择的机会，这样才能把每件事情都做到最好。

小时候的我们都学习过猴子下山的故事：小猴子下山之后，看到玉米结得甚是饱满便摘下玉米；接着又看见又大又红的桃子，便扔掉玉米去摘桃子；接着往前走，又看到了又大又圆的西瓜，便扔了桃子去摘西瓜；最后看到小兔子，便扔掉西瓜去追小兔子，结果小兔子跑得太快，于是小猴子就只能空手而归了。如果小猴子能坚定自己的内心，选定心中最需要的东西，也不至于最后两手空空。

小林毕业于国内一所实力雄厚的设计学院。小的时候，受母亲的熏陶，小林在穿衣打扮上颇有心得，但总觉得买不到适合自己的衣服。因此从那个时候起，他的目标就是当一名优秀的服装设计师，根据每个人自身所有的特点，设计出适合每个人的好看的衣服。

后来，他如愿进入了国内的一所很优秀的设计学院，在兴趣的引导下勤奋学习。毕业后，凭借着优秀的成绩，小林进入了国内一家企业做实习生，准备一步一个脚印的在自己梦想的道路上慢慢的往前走，对未来充满了信心。

两年过去了，小林依旧是一个设计师助理，自己很多的想法，很多的设计都不能得以实现。他开始找不到方向，变得越来越迷茫。看到身边好多的朋友在销售的道路上慢慢的都挣到了钱，买了属于自己的房子，生活也慢慢变得好了起来，小林渐渐地动摇了，后来，小林辞职了，进入了一家汽车销售公司，从销售员的职位开始做起。销售是一个成长比较快的岗位，但是同时需要勤奋和天赋的加持，起初的行业了解阶段，小林过得很充实，也在师傅的带领之下，学到了不少之前没有接触到的新知识。真正接触业务的时候，小林很努力，很用功，但是渐渐地他发现自己处理不了很多事情，沟通的问题让人很头疼，感觉很多事情是他自己控制不了的东西，以前做设计的时候，画笔掌握在自己手中，做什么事情都有清晰的思路，而现在总觉得所有的事情都不受自己控制。

小林开始反思毕业过后自己所做的每一个选择，想一想现在的生活是不是自己想要的。于是，他决定找回初心，找回一直以来的梦想，重新回到服装设计公司，从助理开始钻研，认真对待自己的每一个想法和灵感，及时查漏补缺，找到面对困难迅速找到解决问题的方法。

最终，小林完成了自己的梦想，成为一名优秀的服装设计师，为很多慕名而来的人设计属于他们自己的衣服。

人生那么长，要走的路那么远，路途上的诱惑那么多，很多人走着走着就忘记自己最初的梦想是什么，也许一个人从小的梦想是当一名医生，但是一路走来他尝试了学医，心里觉得很难就放弃了；做过销售，业绩不好也放弃了；做过文职，工作内容单一枯燥，也以失败告终，兜兜转转，最终一事无成，站在最初的梦想面前心生懊悔。

万事开头难，很多事情当你迈开了第一步，就已经在成功的道路上扎下了最重要的一个脚印，如果中途放弃就丢失了你之前所有的付出。再重新开辟新的一条道路便更加困难。坚定自己的初心，脚踏实地地做好每一件事，遇到困难不退缩，主动寻求解决问题的方法，你一定会实现自己的梦想。

第03章

心怀一颗笃定的心，去拥抱安然自若的人生

尘世中的人们，我们都在不停地往前走，一些人不知道自己想要什么样的生活，因此茫然不安，而那些，从始至终都知道自己想要什么的人，不会对未来感到焦虑。因为他们内心清楚，只要方向正确、步子稳定，何时抵达只是时间问题，内心若是笃定，又何惧未知风雨。所以，怀着一颗笃定的心，去拥抱安然自若的人生吧。

摆正心态，找到让内心安然的方法

看着生活中有些人终日愁眉苦脸，心理学家决定做一个实验，研究心理焦虑是否有必要存在。他让参与实验者各自把焦虑的事情写到一张纸上，并且让他们分别在纸上写上名字。等到一段时间之后，心理学家再把参与实验者集合起来，再把当初那张写满忧虑的纸发给实验者。结果，参与实验者发现，当初焦虑和忧愁的事情，后来根本没有变成现实，这也就意味着那些焦虑和忧愁根本没有必要存在。

你所焦虑的事情大多数不会发生，既然如此，你还有必要焦虑吗？从理性的角度回答，当然没有必要继续焦虑下去，但是事实证明，在现实生活中，还是有很多人依然陷入焦虑之中无法自拔。其实，心若安然，人生也会变得安然，任何时候，都不要因为那些毫无意义的事情而担忧，更不要因为这些事情的存在而打乱自己原本生活的节奏。记住，人生从来不是顺遂如意的，很多事情的发生根本无法逃避和避免，只有摆正心态，才能随遇而安地接受它们。

一直以来，亚楠都为自己在工作上的失误而耿耿于怀。原来，前段时间，她因为不小心做错了表格中的一个数字，给公司带来了巨大的损失。对此，公司并没有追究亚楠的责任，领导和亚楠交流，提醒亚楠一定要对工作认真用心。原本，这件事情就这样过去了，同事们也都羡慕亚楠好运气，没有因此而丢掉工作。听到同事们说以前如果有人犯类似的错误，一定会被开除，亚楠心里非常忐忑。

这件事情过去之后，亚楠总是觉得领导对她的态度变得不一样了，有的时候，领导上班的时候看到她，会和她笑一笑，亚楠却总是表情僵硬，不知道如何面对领导。亚楠总是质问自己：我凭什么不被领导惩罚呢？说不定领导已经和我记仇，就等着找合适的机会来修理我呢？如此想着，亚楠心中越来越不安，在工作上又犯了错误，吓得主动辞职。

在递交辞职报告之后，领导很惋惜地对亚楠说："其实，公司之所以没有处罚你，是因为觉得你才刚刚大学毕业，没有工作经验，因而公司是愿意为了培养你，而为你的错误买单的。没想到你居然接连犯错，这就从偶然的失误变成了必然的错误，太令人遗憾了。"听到领导的话，亚楠惊讶极了，她这才知道公司为何不处罚她，不由得懊悔万分，是自己没有珍惜这个好机会。

现实生活中，很多人会因为各种各样的原因为陷入焦虑之中，变得紧张、恐惧，内心不安。实际上，这些焦虑的原因未必真的存在，可能只是人们假想出来的。例如，亚楠在犯错之后就臆想领导会找机会惩罚她，却没有想到领导如果真的想要惩罚她，为何不在她犯错误的当时就借机惩罚她呢？所以，事情一旦发生，就不要总是沉迷于其中无法自拔，而是要看清楚现实，并且学会及时地把事情放下，这样才能保持心中的平静和安然，也才能在做其他事情的时候，有更好的表现。

懂得心安，让自己在这个嘈杂的世界里始终保持安静的状态，这是人生的智慧。尤其是在现代社会，生存的压力这么大，人生之中面临的诱惑又那么多，人生之中的各种状态常常会让人感到焦虑不安，就更要学会安抚自身的情绪，让自己在成长的过程中更加淡定从容，从而让人生有更为广阔的天地和更为美好的境界。

相信快乐，更要用心地感受快乐

对于人生，每个人都有不同的追求。有人想要赚取大量的金钱，有人想要攀升到更高的职位上，也有人想要获得巨大的成功，让世界都为之瞩目，还有人想要更加全力以赴活出自己想要的样子。总而言之，每个人对于快乐都可以有自己的理解。从本质上而言，快乐是一种感受。一个大富翁即使每天都在赚取大量的金钱，也有可能觉得不快乐。而一个农民工，虽然从事着最艰苦卓绝的工作，但是如果能够和家人在一起，享受天伦之乐，他就会觉得很快乐。我们不能说农民工得到的快乐没有大富翁得到的快乐更多，我们要相信对于农民工而言，他的快乐同样是发自内心的。因此，我们一定要相信快乐，也要用心地感受快乐。

有些人看到这里会误以为快乐既然是一种感受，就是很容易得到的。其实不然。举个最简单的例子，孩子只要得到一个玩具就会很快乐，但是很多成人哪怕拥有得再多也不快乐。虽然快乐和拥有多少物质和金钱没有关系，而是取决于内心的感受，但是实际上，快乐的感受也往往得来不易。人的心，总是琢磨不定，尤其是在现代社会外部刺激很多的情况下，更多的人都为了争取得到利益而见风使舵，为此他们的心犹豫不定，也常常因为外界的风吹草动而迷失。在这种情况下，要想得到快乐，就一定要拥有笃定平和的内心。

海伦凯勒出生的时候是一个非常健康可爱的婴儿，因此，爸爸妈妈在她身上投入了很多的爱。然而，在十九个月的时候，海伦凯勒因为一场突如其来的猩红热而陷入昏迷之中，等到醒来的时候，她不但失去了视力，还失去了听力。从此之后，海伦凯勒生活在无声也无光的世界里。一开始，因为年纪小，所以海伦不觉得自己和别人有什么不同，但是随着渐渐长大，她意识到自己和他人的不同，因此变得脾气暴躁，焦虑不安。看着海伦被封闭在自己的世界里无法与外部交流而痛苦的样子，父亲为海伦找到了莎莉文老师。

莎莉文老师曾经有过险些失明的经历，因此她很清楚海伦的感受，也了解海伦的痛苦。为了帮助海伦，莎莉文老师想尽办法教海伦识字，帮助海伦学会阅读。自从可以自主阅读，海伦的世界就像是打开了一扇窗。原本非常郁闷和焦虑的海伦，如今终于可以与外界进行信息的交流，于是，她的内心变得平静，她的求知欲望也被激发出来。此后的日子里，海伦一直在莎莉文老师的帮助下学习，不但学完了大学课程，而且成为了一名作家、演讲家、慈善家。海伦创作的《假如给我三天光明》，给全世界的人都带来了光明，也激励了无数身体残疾的人。

如果海伦始终是一个正常的孩子，也许未必会有后来这么伟大的成就。正是因为身体残疾的限制，海伦才把更多的时间和精力用于学习，才能更加专注于自己的内心，也才能获得伟大的成功。如果说海伦一开始是忧愁苦闷的，那么后来她开始阅读、学习，与这个世界交流时，她尽管依然生活在无声无光的世界里，但是她的心是明亮的，因此，她可以感受到幸福。

命运常常是很残酷的，它会捉弄人，会折磨人，但是唯独没有办法剥夺人们感受快乐和拥有快乐的权利。快乐就像是每个人心底里的一颗种子，在人们的心中生根发芽。快乐也像小小的降落伞，在我们的心中飘飘忽忽地下来，让我们的心也变得非常柔软和温暖。正如一位名人所说的，这个世界上并不缺少美，缺少的只是发现美的眼睛。同样的道理，这个世界上也并不缺少快乐，缺少的只是感受快乐的心灵。任何时候，我们都要让自己的心保持温暖柔软，这样才能更加敏感细腻地面对人生，才能感受到人生之中更多的快乐和善意！

随遇而安，自在快乐

很多人面对生活的得失心特别重，他们常常希望从生活中获得更多，也希望在生活中只有收获，而没有失去。然而，实际上没有人可以只是得到，而从来不付出。面对人生的各种坎坷境遇，我们需要全力以赴，也要从容不迫。任何时候，都不要小看人生的厄运，也不要小看人生小小的得失。要知道，人生总是会有未来的，只有不断地努力进取，全力以赴地前进，人生才能更加璀璨和充实。

江苏卫视《非诚勿扰》的主持人孟非写过一本书，名字就叫《随遇而安》。乍听起来，随遇而安似乎带着一些倦怠的意味，而实际上随遇而安与在人生之中的努力奋斗和拼搏并不相违背。人，只有在该拼搏的时候拼搏，该懈怠的时候懈怠，才能更加全力以赴做好人生中该做的事情，也真正地实现人生的最大成就。

随缘的人，对于人生不会有太多的执念，而是会更加从容淡然地面对人生，做到尽人力而知天命，也做到对于人生中的各种境遇坦然面对，绝不懈怠。古人云，非淡泊无以明志，非宁静无以致远。淡泊明志、宁静致远是人生中的至高境界。任何时候，只有全力以赴做好自己该做的事情，才能更加友好地面对人生，也与人生交好。记住，面对人生，我们不但要有坦然的心境，更要有一份充实与宁静，这样才能在人生的道路上走得更好，也才能让人生有更加美好的未来。

很久以前，有一个智者非常喜欢一把小茶壶，为此平日里就常常拿着茶壶把玩。有一天，智者走路的时候不小心摔了一跤，把茶壶摔碎了，但是他却若无其事地继续去找人下棋。这个时候，家里人追上智者，对智者说："你最喜欢的茶壶碎了，你难道不知道吗？"智者笑着说："我当然知道。不过它已经碎了，我能怎么办呢？"说着，智者走开了。在与人下棋的时候，他专心致志，丝毫没有因为茶壶碎了而影响自己的心情，把对手杀得节节败退。这个时候，对手与智者开玩笑说："你最心爱的茶壶碎了，你不会把气都撒到我的身上了吧！"智者笑起来，说："茶壶碎了，我早就忘记了。要是把郁闷之气发到你的身上，那我心神涣散，根本赢不了这盘棋啊！"对手觉得智者说得有道理，连连点头。

做人，一定要拿得起放得下，如果总是因为各种各样的事情纠结，拿不起放不下，那么人生就会陷入进退两难的境遇之中。其实，人生最难的不是面对各种难题无法解决，而是对待很多问题都不能做到全力以赴。要想全力以赴解决问题，就要先坚定自己的心。犹豫不决，人生也就会进入各种瓶颈之中，无法获得更好的成长和发展。

记住，人生从来不是由起跑线决定的。既然如此，我们就要把心态摆正，端正各种观念，在成长过程中持续努力和进步，这样才能更加全力以赴经营好人生的各个阶段。当然，这并非要求我们不以物喜，不以己悲，毕竟人生中有各种糟糕的境遇，也有很多值得感恩的事情，而是让我们要更加摆正心态，从容应对人生，让人生更加平静从容，从而更加坚定执着。记住，生命没有重来的机会，只有当机立断把该做的事情都做好，才能让人生绽放出异样的光彩。

坚守本心，全力以赴做好自己的事

在这个熙熙攘攘的世界里，很多人都觉得内心不够安然，常常惶恐不安，内心忐忑，不能自已。这是为什么呢？究其原因，是因为他们缺乏一颗笃定的心。很多时候，他们会感到非常迷惘，不知道人生的目标是什么，也不知道人生的去路在哪里。为此，他们常常会陷入各种被动的状态之中，当看到身边有人买了一套大房子，他们马上惊慌失措，自己也想买大房子；当看到身边有人换了一辆更豪华的车子，他们失去淡定，也想马上换一辆更加豪华的车子；甚至当看到别人家的丈夫升官发财了，别人家的孩子考试成绩提升了，很多人也会内心急迫，恨不得自己也马上追赶上别人……殊不知，这样的心态是非常糟糕的。所谓人外有人，天外有天，一个人即使非常优秀，也不可能总是面面俱到获得成功。常言道，金无足赤，人无完人，每个人都既有缺点也有优点，既有不足也有长处，既然如此，我们就不应该总是拿自己的短处与他人的长处做比较，否则就会让自己的内心失去平衡，变得妄自菲薄。当然，我们也不该总是拿自己的优势和别人的劣势做比较，否则就会沾沾自喜，得意忘形。

人与人之间的比较，或者是出于虚荣心，或者是因为自卑，也有可能是因为骄傲。这些都是内心不够平静淡然的表现。人生的道路很漫长，我们总会遇到不如我们的人、比我们更加优秀的人。不管在怎样的情况下，明智的人都会保持内心的笃定，不盲目地与他人比较。看到这里，也许有朋友会说：不比较怎么能有进步呢？其实，理性的比较方法，是把自己的今天与昨天比较，看看自己在某些方面是否有进步，是否需要继续成长和进步，通过反思来更进一步地提升自己。也有的人在比较后会更加笃定地做自己，相信自己一定能够做得更好。

人们常常抱怨这个世界变化太快，也抱怨身边的人总是不能更好地相处，实际上，只有保持笃定平静的心，我们才能从容地面对一切，也才能在人生的道路上不断地成长和进步，持续进取和努力进步。记住，大多数人都是普通而又平凡的人，因此，大部分都应该既不要眼高于顶，也不要盲目自卑，而是要更加做好自己该做的事情，在人生的道路上勇往直前。正如人们常说的，机会总是给有准备的人准备的，任何时候，只要我们坚持做最好的自己，就可以抓住属于自己的机会，也就可以借此展现人生的辉煌和成就，记住，生命没有重来的机会，只有脚踏实地走好人生的每一步，我们才能持续地成长和进步，才能勇敢地面对未来，成就自我。

做人，不但要抬头仰望星空，更要能够低下头来走好人生的每一步。只有把志存高远和脚踏实地结合起来，才能够让人生踏踏实实地向前，也才能让人生有更加美好的未来和更加笃定的现状。遗憾的是，在现实生活中，人心越来越浮躁，太多的人总是想要一蹴而就获得成功，没有耐心去等待，也没有用心去经营好生活。这必然导致他们在人生的道路上过于浮夸，也使得他们距离人生的收获越来越远。

不要抱怨这个世界瞬息万变，也不要抱怨人生总是有太多的惊吓。任何时候，我们都只有不忘初心，坚持本心，才能更加全力以赴做好人生中该做的事情，也才能把人生更加努力向前推行。还需要注意的是，人生中有很多的未来值得去期待，但是未来只属于那些心怀希望，笃定面对人生的人。如果总是人云亦云，总是盲目地跟随别人采取不恰当的方式对待人生，是根本不可能获得成功的。有人说，心若改变，世界也随之改变，我们要说，只有内心笃定，人生才会安然。在这个世界上，值得我们去追求和努力争取的事情固然很多，最重要的是我们要坚持人生的梦想，不忘记自己对于人生的伟大抱负和志向，这样才能在行走人生道路的时候始终昂首挺胸，阔步向前，哪怕遭遇坎坷挫折也决不放弃，而是依然相信自己的力量，笃定走好属于自己的人生之路。

战胜孤独，活成自己最想要的模样

从心理学的角度而言，孤独是一场与自己的对白，是与自己深刻的交流，也是反省和审视自己的好时候。古今中外，但凡成功者无一不是能够耐得住寂寞的人，他们可以享受繁华，也可以从容面对寂寞，因此，在成长的过程中不管遭遇怎样的境遇，都能够始终淡然相对，坦然从容。正是因为这样的人生姿态，才能让他们活出独属于自己的美好人生。在唐朝时期，李白被称为诗仙，他曾经说过，古来圣贤皆寂寞，唯有饮者留其名。正是因为这样独行于天地之间，今朝有酒今朝醉，李白才能有的放矢地享受寂寞，也才能发出“天生我材必有用，千金散尽还复来”的豪言壮语。时至今日，人们读起李白的诗句——“黄河之水天上来”还会觉得内心充满了豪情壮志。

每一个人在生命的历程中都会有一段孤独寂寞的时光，如何度过这段时间，对于人生的发展和成长有至关重要的影响。很多人在孤独中沉沦，人生变得颓废沮丧，毫无希望可言。有的人在孤独中积蓄力量，总是能够战胜孤独，活成自己最想要的模样，也活出自己的精彩人生。这样的人才是真的耐得住孤独的人，在孤独寂寞中，他们的人生花开，他们独自欣赏，不会因为缺少看客就兴致索然。在观众众多的时候，他们的人生花开，他们得到掌声和鲜花，也依然是一副宠辱不惊的模样，因为他们很清楚，人生有太多的事情需要他们去经营和面对，未来或许是挑战，或许是收获，只有笃定的心才能坦然接受和面对。

很多人都喜欢张大千的画作，却不知道张大千为了远离城市的喧嚣，潜心作画，在西北部的穷乡僻壤之处，居住了很长时间。虽然生活清苦，但是他从不抱怨，而是始终都甘于清贫。曾经，他还遭遇强盗和土匪的打劫，但是这没有吓倒他，他始终都在坚持奋进，努力前行，而没有丝毫畏缩和退却。在与孤独相伴的过程中，他的画作越来越贴近心灵，也越来越能够打动人心，最终成了无价之宝。如果没有曾经的孤独和潜心修炼，张大千根本不会有后来的成就。所以说，是孤独成就了张大千，也是孤独成就了一位伟大的画家。

实际上，在现实生活中，每个人为了维持基本的生存所需要的东西是很少的，为此有人提倡极简生活，就是想要在特别简单生活的状态下，让人生的欲望变少，让人生的幸福与快乐变多。简单的生活也是寂寞的，在清贫的日子里，总是会少一些高朋满座的时刻。为此，我们一定要更加全力以赴奔向美好的未来，也要管理好自己的情绪，让自己甘于寂寞，乐守寂寞，这才是最重要的。

很多人以为拥有丰富的人脉资源是有助于人生发展和成长的，为此他们把人际交往能力看得特别重要。实际上，与可以和很多人谈笑风生相比，能够在孤独寂寞的状态中与自己更好的相处，更是一种不可多得的能力。人生道路漫漫，我们要学会面对自己，走入自己的内心，也让自己在深入挖掘和感悟人生意义的基础上，活出不一样的精彩人生！

淡定从容，方能更好地享受生命

秋天来了，原本青翠欲滴的树叶渐渐转黄，从枝头飘落。树叶凋零，树干失去了最亲爱的陪伴，它不得不独自面对这凄凉的秋天。曾经，年幼的孩童会以为生命是永恒的，死亡似乎距离自己非常遥远。然而，随着他们年岁渐长，父母老去，更有很多祖辈生命衰弱，最终撒手人寰。于是他们发现，人生其实没有太大的意义，生死轮回让人迷惘。在生死的轮回中，只有保持从容，才能帮助人们更好地享受生命，否则怀揣着一颗焦灼不安的心，又怎么可能在命运中崛起呢？

现实生活中，很多人都想操心他人的生活，总是对他人的人生指指点点，却从未想过自己也是被他人议论的对象，甚至因为他人的妄加评论而迷失方向。正所谓谁人背后无人说，谁人背后不说人。每个人既是说别人的人，也是被别人说的对象，在这样的迷惘状态下，人生似乎变得无可奈何了。

实际上，人生到底如何，完全是属于自己的事情。哪怕是父母把孩子带到这个世界上，对孩子付出所有的心力，也无权干涉孩子的生活，更何况作为毫无关系的陌生人呢？无论怎样的人生，都是每个人自己的选择，这一点毋庸置疑。所以我们既不要因为别人的随意评价就改变自己，也不要总是管不住自己的嘴巴，非要对别人的生活发表评价。明哲保身，听起来这样的人生态度有些冷漠，实际上却是最合宜的。

小菲已经三十出头了，却还待字闺中，这让父母和所有亲戚朋友都为她的人生大事操碎了心。实际上，小菲非常优秀，不但是高学历的人才，而且拥有好工作和高颜值，是不折不扣的职场“白骨精”。然而，小菲对于找男友的事情却很挑剔且苛刻，她总觉得如果凑合着随便找个男朋友，还不如没有男朋友。因此，她虽然在父母的催促下相亲很多次，却始终没有找到心仪的男朋友。

过了年，小菲已经三十五岁了，看着和小菲一般大的女孩们都生二胎了，爸爸妈妈更是急得火上墙。为此，妈妈给小菲下了最后通牒：如果今年不能解决婚姻问题，我和你爸爸就去住养老院。看到妈妈就像孩子一样威胁自己，小菲也觉得很无奈：“妈妈，我自己一个人生活得好好的，你为什么非得让我找个男朋友呢！我也没说不找啊，只是想找个合适的而已，你们总不能让我随便就找个男人结婚吧。难道你们宁愿我当离婚的单身女人，也不想让我当个老闺女吗？你们再逼我，我就随便去大街上拉个男人结婚，然后再离婚。”就这样，小菲也义正词严向父母表明了自己的态度。后来，父母再也不催促小菲结婚了，每当有亲戚朋友说起小菲的婚事，父母都说：“随她去吧，她也已经长大了，不再是以前的小菲了！”

实际上，小菲一个人的生活也很潇洒。记得前段时间朋友圈里有篇文章非常火爆，大概的意思就是一个妈妈告诉自己的女儿，如果不能找到疼爱自己的男人，没有把握获得幸福的婚姻，还不如就一个人单身着过，照顾好自己，自得其乐。不得不说，这个妈妈的境界是很高的，也值得每个妈妈学习。

现实生活中，大多数妈妈都很疼爱女儿，辛辛苦苦抚养女儿长大，但一旦看到女儿到了恋爱结婚的年纪却没有任何风吹草动，她们马上就会抓狂，甚至还会迫不及待催促女儿结婚。不得不说，这种对于孩子婚姻大事的态度是很草率的。众所周知，结婚是件大事情，一招走错尽管不至于满盘皆输，但也会对女孩的人生产生很大的影响。真爱女孩的父母，与其催促女孩结婚，不如拓展女孩的人际交往范围，让女孩有更多机会认识生命中的白马王子。

每个人都有权利享受自得其乐的人生，正如但丁所说的，走自己的路，让别人说去吧！对于人生而言，唯有不断地享受人生，创造人生，人生才能充实且更加绚烂。

第04章

悦纳当下真实的自己，放宽心态人生处处是美好

不可否认，我们没有谁是完美的，然而，“我坚持我的不完美，它是我生命中的真实本质。”热爱自己是一个人获得幸福的起点。不论在什么时候，在何种情况下，你都需要全面地接受你自己，因为只有这样爱自己，你才可以发现生活中的点滴美好。

充实精彩的人生，首先来源于你的自我接纳

现实生活中，很多人别说对生命感到满意，对世界感到满意，就连对自己，他们都不是很满意。有些女孩觉得自己长得不够漂亮，皮肤不够白皙，有些男孩觉得自己长得不够高，在运动方面也缺乏天赋。其实，每个人的样子是从出生的时候就已经决定的，与其怨声载道，不如接受。如果我们对于自己都不能完全接纳，那么对于这个有很多缺点和不足的外部世界，也会充满挑剔与苛责。

要想拥有充实精彩的人生，我们就一定要完全接纳最真实的自己，这样一来，我们才可以在自身的各种条件和基础上做更好的自己。遗憾的是，很多人都把爱自己挂在嘴边上，却从来没有真正去做到。爱自己，说起来很容易，但是实际上很难。在全盘接纳自己之后，还要客观分析自己的优缺点，从而做到扬长避短、取长补短，从而让自己在人生之中有更好的成长和未来。当然，每个人对于爱的理解也是不同的。有的人觉得所谓爱，就是付出，有人认为所谓爱是管教，也有人觉得所谓爱就是无条件接受，也有人因为爱一个人，因为在乎而对另一方提出更多更高的条件。这些都是爱的误区，那么在爱自己的过程中，不要再犯这样的错误，而是要更加理性地成长，有的放矢地给予人生更多的美好收获。

有太多人的人生之所以不快乐，是因为他们始终都在与自己较劲。他们常常对于自己不满意，尤其是对于自己身上的那些缺憾和不足，他们更是会感到心力交瘁。实际上，他们固然爱自己，但是却会让自己很疲惫，甚至失去对于生活的信心和热爱，这都是因为爱的方式不对。爱自己，就要与生命中的缺憾和解，就要接纳自己所有不尽如人意的地方。所谓金无足赤，人无完人，在这个世界上没有人是绝对完美的，我们也是如此。爱自己，就是要更加全力以赴做好自己该做的事情，只有不执着于自己的缺憾，才能从容地获得成功。

一个人只有爱自己，才有可能接受真实的自己。在人生的道路上，很多人都在摸索着前行，不知道前面的道路中将会面临什么，也不知道未来的人生中将会收获什么。就这样，带着期待和憧憬，带着紧张和不安，他们不断地成长，努力地进步，最终在成长的道路上收获更多。当然，生活的方式从来都是不固定的，每个人要想找到最合适的方式去生活，就要不断地努力尝试，就要持续地探索和感受。很多年轻人在做很多事情都接连失败之后，总会对于自己的人生感到迷惘。但是，即使失败无数次，他们也还可以再多尝试一次，也许成功就在最后一次出现，也许成功就在转角处。这都未可知。最重要的是，必须始终怀揣着希望，必须始终都坚持不放弃，只有这样才能在人生的道路上始终都坚持爱自己，始终都坚持接纳自己，也始终都全力以赴活出自己最美好的状态！

走好自己的路，就是莫大的成功

现实生活中，很多人都会感到迷惘和困惑，因为他们渴望着成功，却又常常感到困惑，不知道自己到底要怎么做才是最大的成功。实际上，对于人生而言，真正的成功、最大的成功，就是做好自己。遗憾的是，很多人都不知道这个道理，常常会过分在意他人的意见和看法，也总是因为他人漫不经心说出来的评价就改变自己。殊不知，一个人无论怎么改变自己，也不可能获得成功，更不可能让自己正确地面对未来。只有不忘初心，坚定面对未来，才能有的放矢地获得成功，也才能让自己的未来变得更加精彩。

很久以前，有一对父子想把家里的毛驴赶到集市上卖掉。为此，他们一大早就起床，牵着毛驴开始往外走，因为集市离他们家还隔着一个村子呢，去得早才能把毛驴卖出一个好价钱。然而，才走出家门没多，来到村头，几个村民就议论纷纷："这父子俩是不是傻啊，牵着毛驴，却不骑。"父亲听到村民们的议论，尴尬地说："儿子，你快上来骑着驴。"儿子骑着驴，父亲跟着走。他们走啊走啊，来到了相邻村子的村头，有几个老人正在闲聊呢，指着儿子说："这个孩子可真不孝顺，居然自己骑着驴，让父亲跟着走。"父亲听到这话，马上对儿子说："儿子，你下来，我来骑驴。"然而，才走了没几步，又遇到几个中年妇女，妇女们对着父亲指指点点："这个父亲一定是个继父，不然怎么这么自私呢，自己骑着驴，却让年幼的孩子跟着走，看孩子累得满头大汗，真可怜。”父亲这下子不知道怎么办才好，只好让儿子也骑到驴背上。他们走啊走啊，走出了这个村子，进入了集市所在的村子，只要过了小桥就可以到达集市了。

正当父亲感到高兴的时候，突然有个农民指着他们怒斥道：“你们俩是没长腿，不会走吗？看看这头小毛驴才这么小，都被你们压成什么样子了！”父亲看着小毛驴吭哧吭哧艰难地往前走，这才意识到自己和儿子一起骑驴，的确太为难这头小毛驴了。为此，父亲和儿子一起从毛驴背上下来，父亲告诉儿子：“你等着，我去找跟棍，咱们一起抬着毛驴，这样毛驴就不累了。”父亲跑到旁边的树林里，找到一根粗粗的木棍，和儿子费了九牛二虎之力才把毛驴四蹄朝上捆绑起来，抬着走。他们在过桥的时候，路过的人都对着他们哈哈大笑，说：“真可笑，有毛驴不牵着，不骑着，却要抬着走，简直太可笑了。”毛驴被人们的笑声惊到，不停地挣扎，结果把父子俩连带着掉入河里了。

在这个事例中，父亲非常没有主见，不管听到身边的人说什么，他都想迎合身边的人，而根本没有想好应该坚持自己的做法，做好自己该做的事情。正是因为如此，他们才会从牵着驴，到轮换着骑驴，再到一起骑驴，最终父子俩双双和驴掉入河里。如果父亲能够更加坚定地面对自己，做好自己该做的事情，就不会被别人困扰，说不定就能早早赶到集市，把小毛驴卖出一个好价钱呢！

生活中，总有很多人缺乏自信，想要通过改变自己来讨好他人，迎合他人，且不切实际地希望自己能够赢得所有人的喜爱。殊不知，每个人都是这个世界上独立的生命个体，一个人无论如何按照他人的喜好去改变自己，也不可能得到所有人的喜爱。哪怕是在恋爱中，只面对着自己喜欢的人，我们也无须改变自己而去迎合爱人。每个人都有自己独立的思想和主见，即使对于同一件事情，不同的人也会产生不同的看法，即使作为同一个人，在不同的时期也会有不同的见解。为此，只有坚定不移做自己，呈现自己最美好的样子，我们才能与他人更好地相处，也才能以本色活出独属于自己的精彩和充实人生。

只有坚定勇敢地做自己，才能活成自己想要的样子

最近有一部古装电视剧《延禧攻略》火了。这部不是传统的“黑红剧”题材，也没有诸多家喻户晓的大明星的加盟，仅靠着一帮娱乐圈里的新人和“过气”的男女明星撑起来的电视剧，获得了7.8的豆瓣高分。

分析其成功爆火的原因，其中之一就是：女主角终于不再是“傻白甜”“玛丽苏”，而变成了真正接地气的“黑莲

花”。她为了复仇而进宫，面对敌手也会设计除去而丝毫没有手软，可以说是集腹黑与狡猾为一体，这点改变迎合了当下年轻人对于“敢爱敢恨”角色人设的诉求。而仔细观剧之后，你会发现，导演想要传达的做人理念更加值得深思。

女主角魏璎珞的处事原则却可以概括为：人不犯我我不犯人，人若犯我，我也绝不以德报怨。

身为普通人家的平凡女孩儿，璎珞却始终有着“不撞南墙不回头”的狠劲儿。在认定了目标之后，即便明知希望渺茫，仍然打算坚持到底，管它刀山火海都决意要闯上一闯。可以说，现实生活中，拥有这股狠劲儿、面对任何困阻都能够坚定做自我的人注定了不管在哪里都不会是弱者。即便明知自己选择的路是最难走的一条，也依旧义无反顾。活成自己才能够明白自己真正想要的是什么。而懂得了自己真正的所想才会在追求梦想这条路上越走越坚定。生活中的我们都有这样的认知：弱者在追求梦想的路上，遇到些微阻碍便会踌躇不前，甚至放弃。反观生活中的强者，在遇到了危险之后从不会选择放弃，在他们的心目中，世界上最可怕、最遗憾的从不是努力了也可能失败，而是从未拼尽全力之后的悔恨与感慨。“我本可以”，这四个字应该是这世上最令人痛惜的一句假设了。

剧中，女主璎珞的有勇有谋固然难得，而最为难得的，却是她做到了大部分人在皇宫之中都做不到的一件事情：那就是从来不在意他人的眼光，勇敢并坚定地做自己。在这一点上，整部剧没人比她做得更好。比如富察皇后，为了做好皇上眼中的贤后，几乎放弃了原本的自己；再比如未黑化前的娴妃，始终为清高名声所累，即便面临家破人亡的风险，也不愿与他人拉帮结派。最后的结果却是母亲当着她的面自杀并痛斥："你在宫中活得不如一条狗，我这辈子最后悔的就是生了你这个无能的女儿。"

太在意别人眼光的人往往都过得不快乐。甚至，会因为太在意别人的看法，失去很多。其实有所经历之后，你会发现：人生若要事事顾及他人的眼光，就算不被累死，也会没意思透顶。只有坚定勇敢地做自己，活成自己想要的样子，即便只是一条咸鱼，没有梦想也能够痛快地在大浪中翻滚。

放宽心，何必自寻烦恼

生活在现代，"焦虑"似乎已经成了我们最常挂在嘴边的词语。甚至于现在的90后们，都开始被说已经在面对中年危机。于是，为了减轻我们内心的焦虑感，为了不让自己被这个时代轻易的抛弃，更为了突破所谓的圈层，赚到更多的钱，大家纷纷开始熬最长的夜，加最久的班。但这样做，真的好吗？

前不久看过很多这种类似的新闻，一个年仅24岁的年轻人，每天工作到凌晨三四点，第二天白天却还正常上班。虽然如愿拿到了月薪五万的工资，却换来了一张"胃癌晚期"的报告单。这样的结果未免让人感到唏嘘而又可悲，你说你怕被时代抛弃，你说你怕被同龄人落下，你说你怕被后浪拍死在沙滩上，结果时代并没有抛弃你，你超越了很多的同龄人，你也没有被后浪拍死在沙滩上，但是你却逼死了自己。

就像叔本华曾经说过的：“人类所能犯的最大的错误就是拿自己的健康去换取其他的身外之物。”回看2018年度的城市居民健康调查报告，数据显示，在一线、二线、超一线城市内，至少百分之八十的人，身体都长期处于亚健康的状态。这样的数据令人毛骨悚然，却又似乎已经是老生常谈。身体是革命的本钱，缺少了健康，即便再优秀，一切也都只是空谈。

有人说，这些道理我都懂，但是现在环境就是这个样子。你不拼，自有别人会去拼。我知道，确实，生活中总是会有很多苦难烦闷的事情，让我们不能够随心所欲，逼得我们不断透支自己，奋力向前。但是，面对这些避无可避的困扰，我们与其焦虑，不如用行动去解决。有一个小和尚每次坐禅都有一只大蜘蛛来打扰，让他无法安心坐禅。这只大蜘蛛无论怎么赶都赶不走。小和尚很是苦恼，就将这件事情告诉了师傅。师父听完以后给了他一支记号笔，告诉他，等他下次再坐禅的时候，如果大蜘蛛再来，就在它身上画上一个记号，看看它是来自什么地方。小和尚答应了，就在蜘蛛下次来的时候在他身上画上了一个记号。然后等蜘蛛走了，小和尚就安然入定了。而当和尚做完功课以后，睁开眼睛 看，那个记号原来就在自己的肚皮上。

我想，所谓“魔由心生”，说得便是这样类似的道理吧。小和尚的故事虽然有点荒谬，但其实，相似的事情在我们的生活中却很常见。记得很小的时候，妹妹有一次误吃了一条小虫子，常常怀疑那条小虫子还在自己的肚子里，无论父母怎么跟她讲道理都不愿意相信，整天在家里哭闹不愿意去上学。后来，一位学心理学的邻居大姐姐过来我家玩，看到妹妹的样子，装模做样地说道：“哎呀，你的肚子里有一条小虫子，我已经看到它了。”妹妹一听，觉得终于有人相信她说的话了，便十分开心的将自己的担心和害怕一股脑的告诉了她。后来，邻居大姐姐对她说，要给她吃一份会呕吐的“宝贝”，让妹妹一定要吃完，吃完了然后把虫子吐出来就好了。妹妹信以为真，强忍着吃下了邻居姐姐准备的榴莲。吃完以后，妹妹觉得恶心不已，不断干呕。我们趁她不注意的时候在地上放了一条小虫子，让她看到小虫子已经被她吐出来了。妹妹破涕为笑，终于恢复了往日的快乐。

其实，仔细想来，我们都没有预知未来的能力，总是会在遇事的当下，就觉得自己面临的一定是人生中的大难。但其实，走过这个阶段以后，再回头看，一切不过是自寻烦恼而已。

心理学研究中有过这样一份统计数据和结论：一般人所忧虑的“烦恼”，有百分之四十是属于过去，有百分之五十是属于未来，而只有百分之十是属于现在的。这其中，更有百分之九十二的烦恼其实是从未发生过的，而剩下的百分之八则是可以轻易应付的。由此可见，其实我们的人生中大多数烦恼都是自己寻来的。

沙漠中有一种土灰色的沙鼠，每当旱季来临的时候，这种沙鼠都要囤积大量的草根，用来度过艰难的旱季。但是奇怪的是，即便沙地上已经有了足够多的草根能够让他们度过旱季，沙鼠们仍然拼命地寻找草根，运回洞穴，似乎只有这样它们才能够踏实，不会嗷嗷叫个不停。后来，生物学家们纷纷对这一现象进行了研究，研究结果表明：沙鼠的这种行为完全是由它们的遗传基因决定的，是沙鼠的本能，而这让它们干了大于实际需求几倍甚至是几十倍的事情。沙鼠是无法适应“丰衣足食”的圈养生活的，因为没有足够的草根能够让他们囤积，没有足够多的事情让他们忙碌起来，这些沙鼠很快就会在笼子里焦虑而死。他们不是死于缺少食物，而是死于自我的内心威胁。

由此可见，极度焦虑这样来自于我们内心的心理威胁能够造成不可小觑的影响。很多时候，会让我们深感不安的事情往往不是来自于眼前，而是来源于那些所谓的“明天”和“后天”。那些还没有到来，或将永远也不会到来的事情，却总是能够让我们忧心，让我们焦虑。但其实，不管工作多忙，生活中的压力再大，我们还是应该要学会关爱自己。学会放宽心态，才能做到不会自寻烦恼。

人生是一场长跑的过程，拼到最后，能赢的一定是身体健康，心态平和的人。如果我们每天给自己寻找烦恼，就永远不可能给自己带来平静的生活，只会让自己永远陷于无尽的焦虑。而只有学会关爱自己，学会心态平和，才是我们终身浪漫的开始。无法改变的外因的确存在我们的人生中，但如果我们的内心一片光明灿烂，想必烦恼和苦痛也不会一直围绕着我们。生命对于我们所有人而言，都只是一段匆匆而过的旅程，只有学会把握好我们已有的一切，才能够让我们拥有一个实实在在的美好人生，为我们的理想人生画上一个圆满的句号。

人要看得开，就不会败

有人说："处于不幸中，垂头丧气显然于事无补，我们要做的，除了坦然面对之外，只有改变自己的心。"当生活的不幸来临的时候，积极的心态是一个人战胜一切艰难困苦，走向成功的助推器。人只要看得开，就不会败。积极的心态，能激发人们自身的所有聪明才智，而消极的心态，就好似缠住昆虫翅膀的蜘蛛网一样，不断地束缚人们才华的施展。

在不幸面前，有的人越过越好，而有的人却从此一蹶不振，其实，这两者的区别在于心态：前者所拥有的是积极的心态，而后者却总是怀抱消极心态。其实，心态是个人的选择，有积极心态的人往往会处于不败之中。一个人若是有了积极乐观的心态，那么，战胜不幸对于他来说就很容易了。

这原本是个幸福的家庭，丈夫是一家工厂的职工，乖巧懂事的儿子正在读高中。不过，这一切全因为妻子生病而毁了。如今，妻子瘫痪在床，生活不能自理。对此，丈夫不得不辞去工厂的工作，在家里陪着妻子。

看到家里这种情况，懂事的儿子要辍学打工，但是，父母坚决不同意。爸爸对儿子说："如果你不念书了，你妈妈会觉得连累了你，心里会是多么难过。你是咱家最大的希望，现在咱们苦点，等你将来考上大学，毕业后找份好工作，咱们不就翻身了吗？再说家里还有我呢？咱们两个都是男人，这个时候都需要坚强起来，没有过不去的火焰山。"儿子最终没有辍学，而且学校得知情况后，还免去了他的学费。

但是，一家人总是要吃饭，仅仅靠着政府救济是解决不了问题的。丈夫要照顾妻子，不能出去工作，他寻思就在家里弄了一个小作坊，利用自己的手艺做些小工艺品，卖给街上的商店，商店再卖给来旅游的游客。后来，妻子也加入到其中，夫妻俩在家里一边做工艺品，一边说说笑笑，丝毫看不出生活带来的痛苦。

丈夫总是很幸福地对妻子说："我觉得我们很幸福，天天都在一起，同劳动同吃饭，多好。"丈夫还学会了按摩，每天坚持给妻子按摩两个小时，妻子的病情大有好转，瘫痪的双腿渐渐有了知觉。

如今，妻子在拐杖的支撑下练习走路，尽管很痛苦，但妻子还是每天咬牙坚持。她说："尽管医生说过我的双腿不可能再恢复了，但我还是想试试看，奇迹不都是人创造出来的吗？

我也试试看能不能创造出一个奇迹。”

不了解内情的人可能想象不到这是一家遭遇不幸的家庭，他们跟所有幸福的家庭一样，并非没有经历什么痛苦。什么是不幸呢？心若看开，人就永远不会败。积极乐观的心态是成功的起点，消极的心态是失败的源泉。

对于我们每个人来说，生活和事业都不可能一帆风顺，常常会遇到各种困难和挫折。我们必须永远怀有事情还会有转机的乐观心态，才能战胜逆境获得成功。

积极的心态使人看到希望，保持进取的旺盛斗志。消极心态使人沮丧、失望，限制和扼杀自己的潜能。积极的心态创造人生，消极的心态消耗人生。

西部“牛仔大王”李维斯的西部发迹史充满坎坷，充满传奇。他的制胜“法宝”是：每当受到挫折，遭受打击时，绝不抱怨，而要非常兴奋地对自己说：“太棒了！这样的事竟然发生在我的身上，又给了我一次成长的机会。”

在遭遇不幸的时候，选择积极的心态，就等于选择了成功的希望；选择了消极的心态，就注定了要走入失败的沼泽。如果你想摆脱不幸，就必须摒弃那种扼杀你的潜能、摧毁你希望的消极心态。

第 05 章

用欢喜之心对待生活，没有什么可以让你失落

生活中，我们很多人，都在努力获得他人的喜欢，却忽视了喜欢自己。如果你自己都不喜欢自己，别人怎么去喜欢你？喜欢自己、取悦自己，才是人生幸福的真谛。用欢喜之心对待生活，每天都带给自己好心情，那么，就没有什么可以让你失落的。

选择喜欢的事情去做，才会做到最好

对于每个人来说，时间和精力都是有限的，如何把有限的时间和精力投入到生命中最重要的事情上，这是一门学问，也是一门艺术。如何提升做事情的效率，做到事半功倍，这更是技巧和能力。实际上，人生是没有捷径可走的，要想让一切更加高效，最重要的在于我们要遵从心的指引，选择喜欢的事情去做，这样才能最大限度提升自己的热情程度，也才能让自己全力以赴投入到生命的最佳状态，做到最好。

2015年10月5日，是全中国人民都感到非常荣耀的一天，原因是在这天作为中国伟大的医药学家，屠呦呦获得了诺贝尔生理学或医学奖。在历史上，屠呦呦是第一位走上了诺贝尔科学奖领奖台的中国本土科学家。一时之间，举国沸腾，很多家媒体都争先报道这一喜讯。而在光环中的屠呦呦是土生土长的科学家，没有留学背景，也没有博士学位和院士头衔。她只是数十年如一日地在自己感兴趣的领域耕耘，最终取得了伟大成就，成为了全中国的骄傲。

当然，也有人会质疑屠呦呦：既然是三无科学家，为何还要穷尽一生坚持研究医药学呢？很多人刻苦钻研做学问，不就是为了出名得利吗？不就是为了在某些方面留下自己的鼎鼎大名吗？实际上，屠呦呦真的不是。1951年考入北京大学医学院时，屠呦呦就纯粹是因为热爱才选择报考药物学系生药学专业。原来，屠呦呦一直对于中医药特别热爱，而这个专业是距离中医药最近的专业。因为热爱，她在专业上投入了大量的时间和精力，也为了研究很多学术问题而废寝忘食。即便获得了诺贝尔奖，一下子成为举世瞩目的科学家，屠呦呦也并不关注名利，而是庆幸自己发现的青蒿素，能够挽救无数疟疾患者宝贵的生命。如果不是热爱，屠呦呦怎么能在枯燥乏味中做出这么伟大的贡献呢？

人，最重要的不是做能够成功的事业，而是要坚持自己的内心，做自己真正热爱和喜欢的事业。当从事自己喜欢的工作时，我们才能从中感受到乐趣，也才能从中感受到投入和专注的魅力。古今中外，无数成功者之所以能够获得成功，并非因为他们独具天赋，也不是因为他们有着过人之处，更不是因为他们得到了命运的眷顾，而只是因为他们对于人生始终怀着热爱，也对于自己的事业始终满心欢喜。在兴趣和热情的支撑下，他们哪怕从事着枯燥的工作，也从来不觉得辛苦。例如居里夫人为了提取出镭，经常要提炼很多的沥青；爱迪生为了发明电灯，尝试了一千多种材料，进行了七千多次实验。不得不说，是热情让他们不管多么辛苦努力，都决不放弃，毫不懈怠，才最终取得成功。

所谓成功，不是为了成功而成功，而是选择自己真正喜欢的事业，全心全意地投入其中，哪怕在进行的过程中遇到很多的困难和阻碍，也坚决不放弃。这样的成功是不带有功利心的。而只有那么纯粹，那么无私地付出，才能成就最美好的成功。人们常说，有心栽花花不开，无心插柳柳成荫，这实际上正告诉我们做事情的时候必须没有功利心，把心态摆正放平，从而才能更加全力以赴面对未来，也才能更加全身心投入做好自己该做的事情。记住，这个世界上从未有一蹴而就的成功，更没有天上掉馅饼的好事情。任何时候，我们都要保持积极付出的态度，排除万难，坚持不懈，才能越来越接近成功。

你最应该取悦的，是你自己

生活的目的是什么呢？有太多的人在因为各种各样的原因为别人而活，为了家人而负重前行，为了得到别人的认可与尊重而改变自己，为了让自己万众瞩目而不遗余力地拼搏进取，为了让自己获得更多的金钱名利等身外之物而不舍得用一分钟休息……这样的人生即使成功，又有什么意义呢？归根结底，如果没有活成自己想要的样子，就不能算是真正的成功。

每个人都是这个世界上独特的生命个体，每个人对于人生都有自己的理解和憧憬，也有自己的渴望和期冀。因此，每个人对于成功的理解不同，对于人生的规划也不同。但不管拥有怎样的人生，一定要让自己感到高兴才好。如果自己不高兴，人生即使获得再大的成功，收获再多，也都没有幸福与快乐可言。遗憾的是，现实生活中，很多人都会感到迷惘和困惑，也因为盲目从众，或者人生道路的偏移，他们越来越迷失了本心，失去了自我。所谓不忘初心，方得始终，正是告诉我们每个人只有牢记自己对于生命最初的梦想，才能越来越接近于自己的人生目的地，也才能获得自己渴望拥有的人生。

前段时间结束的《中国好声音》娱乐节目中，灵魂诗人李健带领着他的学员旦增尼玛一路走到最后，获得了冠军。实际上，有很多人对于李健都不是很熟悉。李健毕业于清华大学，当年是水木年华的成员之一。他对于音乐执着而热爱，不但会作词作曲，而且自己也很喜欢演唱。很多朋友都会发现，李健在节目中始终笃定淡然地坐在那里，真的气质与众不同，气场非常强大。但是，他的气场又是非常内敛的，不是那么张狂。这是因为李健始终醉心于音乐创作，并不像其他歌星或者音乐人那样活跃在台前。对于学员的指导，李健始终笃定，从不急功近利。这也许正应了一句话，有心栽花花不成，无心插柳柳成荫。其他导师迫切想要获得冠军，但是却被淡然沉静的李健带着的旦增尼玛赢得了桂冠。

当一个人固守自己的内心，在这个喧嚣的时代里，他们不会为了取悦别人而活着，也不会为了这个时代的嘈杂和忙乱而迷失。相反，他们会笃定守护自己的梦想和志向，也会全力以赴做好自己该做的事情。他们不会期盼一蹴而就获得成功，而是在脚踏实地、点点滴滴的积累之中，让自己由量变引起质变，最终取得华丽的蜕变。需要注意的是，人生从来没有回程路可走，生命总是宝贵的，如果把自己的人生活成别人期待的样子，无疑就是浪费生命。更多的时候，我们要忠于自己的内心，活出自己的绚烂多彩。

一个内心深处通往快乐的途径被堵塞，就会导致自己越来越远离快乐。这样的人根本不可能最大限度打开心灵的束缚，真正敞开怀抱去拥抱和接纳生活。世界越大，人的心就越小，为了让生活中的各种烦恼缩小，为了让人生有更多的快乐可以期许，最重要的是调整好心态，全力以赴做好自己。如今，不开心的人越来越多，不是因为他们得到的太少，也不是因为生命对于他们的历练太过困苦，而是因为他们没有悦纳自己。生命从来不会重来，每个人都要珍惜生命宝贵的光阴，释放自己，接纳且悦纳自己。试问，一个人如果不能让自己开心和高兴，还如何能够搞定这个纷繁复杂的世界呢？生活着，我们就要让自己高兴，也要最大限度治愈自己，让人生绽放出独特的光彩。

即使物质上贫穷，也要做精神上的富有者

在第二次世界大战之后，曾经有一个战后专家组专门深入

德国进行调查。整个德国满目疮痍，让看到的人都心生绝望。但是，在深入几户人家进行采访之后，德国专家组的一个专家对德国人竖起了大拇指，说："德国一定会迅速崛起。"其他成员对此话不解，问："这样的惨败，还能迅速崛起吗？"专家对其他成员说："你们看看，在我们走过的这几家人里，有两家人的桌子上都摆着从野外采摘来的鲜花。他们的精神如此强大，他们的内心如此充实，有什么理由不能迅速崛起呢？"大家听到这句话，全都陷入了沉思之中。的确，面对战后满目疮痍的国家，德国人是有着多么强大的精神和意志力，才能够在使人绝望的困境中，依然对生活饱含热爱，依然让自己的精神强大富有呢？

现实生活中，很多年轻人只是初尝生活的艰难，或者遇到小小的障碍和挫折，马上就会陷入颓废沮丧的情绪之中无法自拔。也有一些年轻人因为觉得自己缺乏经济基础，一无所有，所以在生活中总是胆怯，对自己也情不自禁地小瞧。实际上，即使没有雄厚的经济基础，即使物质上非常贫穷，也不意味着会成为精神的乞丐。我们应始终对生活满怀热爱，也始终对人生更加用心。世界上的事情最怕认真二字，只要不断地激发自身的力量，全力以赴做好自己该做的事情，就能把事情做得更好，也可以获得更多收获。做人，即使物质上贫穷，也要做精神上的富有者。反之，即使物质上很富有，如果精神上很贫瘠，也是无法把人生过得精彩的。

小王是一个很苦命的孩子。因为他是家里的第三个儿子，所以他从小就被爸爸妈妈放在爷爷奶奶家里抚养，而爸爸妈妈则带着他的大哥二哥都去了外地讨生活，很少回家。一开始，爸爸妈妈还会给爷爷奶奶寄钱，作为小王的生活费，后来他们索性彻底放弃这个儿子。一年到头，小王都见不到父母，爷爷奶奶都是农民，只能把其他子女孝敬他们的钱用来养育小王。小王很争气，从小他就知道自己和其他孩子不一样，于是发愤图强。考上职业学校后，他没有因此而停下上进的脚步。他先是自学了专科，后来又自学了本科。毕业后，小王进入一所学校当老师，但是学校里的关系很复杂，像他这样没有背景的孩子很难有出头之日。因此，小王勤奋苦学，开始准备公务员考试。

经过三次尝试，小王终于考上了一所监狱的狱警。他的人生掀开了新的篇章。他没有埋怨贫穷的童年生活，而是始终努力经营生活，享受生活。

小王是物质上很贫穷的孩子，但是他的精神始终强大。他对于未来的人生充满了无限的希望，也始终都能够全力以赴。正是因为有了这样不服输的态度，小王才能如愿以偿获得自己想要的生活，也心安理得地享受自己已经拥有的生活。记住，人生中没有什么事情是不可能实现的，只要我们心中有强大的力量，是精神上的巨人，我们就最终能够战胜厄运，成为命运的主宰。

现实生活中，常常有人抱怨工作太辛苦，得到的工资回报却太少。但其实命运对于每个人都是公平的，在生命的历程中，我们必须学会忘记各种坎坷和磨难，让自己的内心充满积极的正能量，这样才能让自己成为一个真正成熟且富有的人。真正的穷，不在于空空荡荡的口袋，而在于内心的贫瘠。贫穷的人，也许因为一无所有而举步维艰，也有可能因为一无所有而破釜沉舟，勇往直前。当我们精神强大，贫穷反而可以让我们无所畏惧。也有一些年轻人，在面对爱情的时候，因为贫穷而怯懦和退缩。殊不知，那些明智理性的有钱人，为了寻找到真正的爱情，还会故意撒谎说自己没有钱，因为他们知道爱情向来和金钱与物质无关。如果一个人连面对贫穷的勇气都没有，又怎么可能真正无所畏惧面对残酷的现实，也真正超越现实生活中诸多的困难和挑战呢？记住，面对贫穷，与其抱怨，不如积极乐观，把抱怨的时间都用去努力奋斗。一个人只要努力肯干，就不会永远穷下去，最重要的是先把里子充实起来，才能有资本有底气去面对一贫如洗的现状。此外，当感到贫穷的生活枯燥无味的时候，不如激发自己对于生活的乐趣和兴趣，用小确幸来安抚自己苍白的内心，用小小的成就来激励自己继续在人生的道路上无畏前行，这样人生才会绽放光彩，才会变得更加绚烂和美好！

未来的人生，一切都要靠我们自己

在通往成功的道路上，命运总是会将我们推向风口浪尖。

身处其中的我们，也总是会当局者迷般看不清前进的方向，找不到终点。但这时，我们能够依靠的只有我们自己。即使是上帝也无法为每个人指点前进的方向。再者，永远没有人一帆风顺，通往成功的道路总是种满了荆棘，而能够解决这一切的，同样只有我们自己。因此，未来的人生，一切都要靠我们自己。

人生在世，每个人都是一个独立而又特殊的存在。我们有着自己的思维和行动，外部的环境条件或许会对我们取得成功的方式有一定的影响和些微的改变。但是，却改不了我们奋斗的本质。软弱的人面对挫折的时候总是会选择逃避，而强者在面对挫折的时候，却首先会理性分析，然后再用乐观的心态去面对。对于强者来说，生命中的一切挫折不过都是新的起点。而弱者只会选择用抱怨和悲观的心态面对一切，最终一事无成，落入失败者的行列。因此，心态很重要。我们要学会依靠自己，调整自己的心态，改变对生活的不满，实现对生活的调剂。

很多时候，生活中的失败者们并不是被困难，而是被自己打败的。要知道，强者和弱者之间的最大差异其实就是对于自我的了解和认识。你越是能够充分了解自己，调整自己的状态，让自己随时随地用最积极的心态去面对、用理性的思考去掌握自己的人生，调节自己的状态，你就能够达到人生最高的巅峰。因为，越长大越有所经历，你便越会明白：在这个世界上，能打败你的人其实只有一个，就是你自己。而真正能够拯救你的人，也只有一个，也就是自己。不管何时何地，处于什么样的人生状态，自己都才是自我人生路上最大的困难，这个困难没有其他的解决方式，想要战胜它，只有依靠我们自己。

马云在二十多岁刚刚毕业的时候，曾经应聘过三十多份工作却全部都被拒绝了。后来，他想做警察，和五位同学一起去考试，又只有他一个人没有被录取。再后来，他甚至去面试杭州一个宾馆的服务员，却依旧没有被录取。但是，他从未放弃，不断告诉自己重头再来。他从未放弃过自己，更从未失去自己对人生的希望和期许。他默默地努力，不断地调适自己，并用自己的激情不断去感染身边的人，最终取得了成功。后来，他对世人说："任何团队的核心骨干，都必须学会在没有鼓励，没有认可，没有帮助，没有理解，没有宽容，没有退路，只有压力的情况下，一起和团队获得胜利。成功，只有一个定义，就是对结果负责。如果你靠别人的鼓励才能发光，你最多算个灯泡。我们必须成为发动机，去影响其他人发光，你成为核心，才能获得自己的成功。"

种子要依靠自己的力量才能够挣脱泥土对他的压迫，最终破土而出，生长于天地之间。毛毛虫也只有依靠自己的力量才能够破蛹而出，蜕变成蝴蝶，飞舞在花丛中。人类更是如此，只有勇敢地依靠自己的奋斗，战胜挫折，才能够真的成为生命的强者。世上的命运从来都只有靠自己才能够改变。如果自己软弱颓废，即便拥有再好的出生和条件，也只会在面对困难时轻易失败，就像是离开了温室的花朵，会立刻枯萎。只要自己自立自强，即便身处乱世，情况艰辛，也一样能够获得自我的成功。

就像是《超级演说家》的冠军刘媛媛曾经说过的一句名言：命运给你一个比别人低的起点，是想告诉你，让你用你的一生去奋斗出一个绝地反击的故事，这个故事关于独立，关于梦想，关于勇气，关于坚忍。确实，人生在世，谁没有过沮丧困顿的时候呢？如果成功当真来得那么容易，获得成功的人比比皆是，成功又怎么会真的值得拥有，值得努力追求呢？

我们的人生是一个漫长而又复杂的历程，我们奋斗一生的意义可能就是为了去寻找那个合适的平衡点，能够让自己完成与世界的接轨，感受到世界的美好。我们既然没有办法去改变过去的生活，更加难以预料日后的生活，那么我们能够做的其实就是用自己的态度来改变现在的每一天，不让自己因为一时的灰心就放弃对生活的希望。毕竟，与其每天抱怨着困境里的磨难，不如让自己勇敢去尝试一下其他的可能性；与其将自己的人生限制住，不如选择开放心态，活出属于自己的骄傲和精彩。

将生活过得简单点，反而得到了快乐

细心的朋友们会发现，随着自己越长越大，生活越过越好，对于人生反而越来越麻木和迟钝，快乐和幸福的程度都大大降低了。这是为什么呢？难道幸福和快乐的感受，不应该是随着生活的提升越来越高的吗？实际上，这是因为我们的内心欲望越来越大，我们在人生中想要得到的一切，也越来越多。正是在这样的反差之下，我们对于幸福的感知能力才会逐渐减少。

实际上，每个人真正的需求并不像自己想象中那么高，但因为他们的内心充满惶恐不安，也因为他们担心未知的未来，所以他们才会对于人生感到迷惘。如今，有一些人对于生命有了更多的感悟，因此希望自己可以把对生活的要求降低，把一切都更加简化。正是在这样的情况下，他们降低自己的欲望，减少自己的奢求，把生活过得极简。这样一来，他们反而得到了快乐。

当人过多地关注外界，就会对内心有些忽略，所以为了更多地与自己相处，与自己沟通和交流，我们应该舍弃追求那些不切实际的东西，更多地关注和忠诚于自己的心灵。否则，当我们在所谓的金钱、物质和名利中迷失，就会失去自己的内心方向，最终迷失自我，让自己在人生的海洋中不知所踪。

在琐碎的现实生活中，总是隐藏着一些小确幸，这些小确幸需要幸福敏感的心灵去感受，如果过于粗糙和麻木，是很难捕捉到这些微小幸福的。然而，偏偏这些幸福与我们的人生密切相关，任何时候，我们都不要麻木地对待这些事情，而是要更加细心地去感受生活的幸福与美好。

大名鼎鼎的雕塑家罗丹曾经说过，这个世界上并不缺少美，只是缺少发现美的眼睛。我们也要说，这个世界上并不缺少快乐，而是缺少感受快乐的心灵。当我们能够切实地从生活中感受到快乐，能够在各种美好的事情中感悟生命的真谛，才能更加感受到人生的充实美好，也才能做到不枉此生。

记得不要让欲望充塞你的心灵，不要让欲望裹挟着你前进。人的心就像是一个容器，不可能是永无止境地装满任何东西，而是有限度的。我们要把有限的心灵空间用来做更多的事情，感受生命的真谛和幸福，这样才能过上真正有意义的人生。

记住，你的生活未必能达到你所期望的高度，也未必需要达到你所期望的高度。在人生的短暂历程中，与其为了追求那些身外之物而让自己变得迷惘，不如纯净自己的心灵，让自己能够更加全力以赴做好该做的事情。有的时候，我们会因为对于人生苛责太多，而感到幸福感降低，想要解决这个问题，你就要学会降低对生命的要求，也要学会减小自己的欲望。唯有如此，你才能更多地关注自己的心灵，也才能在成长的道路上始终不忘初心，砥砺前行。

记住，生活固然要波澜壮阔，却也要小桥流水。如果总是因为人生中遭遇困顿就彻底放弃希望，那么这样的人只能失败。只有怀着心底小小的希望，让自己在面对任何境遇时都非常坚定，我们才能守得云开见月明，走到人生中更为广阔的天地，拥有更为精彩和充实的人生！任何时候，都不要抱怨，当你对于生活抱怨，生活只会回报给你哭脸。真正能够得到生活馈赠的人，是始终笑着面对生活的人，他们感恩生命中出现的一切，也对于身边的人和事情怀着莫大的善意。他们非常用心去面对生活，获得生活的快乐，感受生活的欣喜，也在生活的喜怒哀乐中坦然做最好的自己！

看清自己，了解什么生活最适合你

生活犹如穿衣服，价格最高的可能是材料最好的，但材料最好的不一定是你穿上身最好看的，只有穿上身最好看的才是最适合你的，而最适合你的才是对你来说最好的。

生活有很多样，有平淡如水的，有浓烈激荡的。生活不分好坏对错，只有适不适合。正如幸福的生活都是一样的，而不幸的生活却各有各的不幸。明知不适合自己或者明知自己达不到仍然苦苦追求的生活，不仅没有任何意义，还是浪费生命。

有一只小毛驴每天拉磨，觉得自己十分辛苦。它看到主人家的哈巴狗在主人面前玩点小把戏就能得到主人的宠爱，而自己每天辛辛苦苦地拉磨却什么额外的好处都没有，因而心里十分不平衡。它想，哈巴狗的那点本事谁不会呀。

有一天，小毛驴拉完磨之后，主人忘了拴绳子。它终于等到了表现的机会，它像哈巴狗一样，跳到主人的客厅去表演跳舞，结果把桌子撞翻了；它学着哈巴狗的样子去舔小主人的脸，结果把小主人给吓哭了。最终，一心想要得宠的小毛驴得到了一顿棒子。

很多时候，我们就跟故事中的小毛炉一样，看着别人的生活觉得他们的生活才是最好的。殊不知，只有最适合自己的生活，才是最幸福的生活。

寻找真正适合自己的，首先需要看清自己的特点，知道自己想要做什么，知道什么样的生活才是最适合自己的。

有三条毛毛虫准备到河对岸去采集花粉。它们对于怎么过河这件事情产生了分歧，第一条毛毛虫准备搭一座桥，认为这样可以最快过河抢在别人前面采到更多的花粉。第二条毛毛虫说搭桥太慢，可以自己用树叶造一条船，这样划过去会更快。第三条毛毛虫则建议等长出了翅膀再飞过去，但是另外两只毛毛虫认为这样会错失采花粉的最佳时机。三条毛毛虫争论不一，谁也不服谁，最终决定分开行动。

在第一二条毛毛虫开始行动的时候，第三条毛毛虫爬到树上美美地睡了一觉，两天后醒来，看到自己长出了美丽的翅膀，便轻轻松松地飞到了河对岸，但怎么也找不到那两个小伙伴。后来才知道第一条毛毛虫在搭桥的时候累死了，第二条毛毛虫则在过河的时候连同树叶被河水冲走淹死了。

很多时候，我们遇到问题也会像毛毛虫一样积极、努力、勤奋地想办法解决，但却没有找到最适合自己的方法。积极的努力是必要的，但更重要的是要找对适合自己的方式方法。

不管在任何时候，适合自己都是一种最合理的安排，是避开失败获取成功的最舒适的途径。

人的贪欲是无限的。追求最好的东西无可厚非，但我们更应该从自身条件出发，量力而行。就如同走在沙滩上捡贝壳，如果你总认为最好的总是下一个，那你永远也捡不到最好的贝壳。只有明白了适合自己的才是最好的，不求最大的，也不求最美的，只挑选最适合自己的，才能挑到最满意的贝壳。

适合自己的生活会让你心安，让你充满自信。所以，与其为了早日实现所谓的幸福生活，追求现成的优越感和奢侈生活，还不如踏踏实实过适合你自己的生活，并在这过程中与爱人一起努力奋斗。只要你有足够的耐心去等待，有坚定的信心去拼搏努力，终将会获得最适合你的幸福生活。

第06章

你想要美好的未来，请先做一个优秀的自我管理者

前面，我们提及，任何一个人，都要在有限的生命内尽量按照自己喜欢的方式生活，然而，这需要我们从现在开始为未来做准备，这其中就包括自我管理，因为高度的自制才有高度的自由，只有将自己培养成一名优秀者，才能获得你想要的美好未来，当然，自我管理并不是一句口号，而应该落实到我们的生活、工作和学习中，那么，从现在开始，我们就付之行动吧。

学会自我管理与控制，让自己放慢追逐的脚步

走在大街上，听到情侣吵架的时候，如果是女方没有道理，总是会听到女孩子撒娇式的“耀武扬威”：我就这样，你能怎么办？强势的语气中透露出撒娇式的理所当然和有恃无恐。其实这是我们日常生活中极其常见的一幕。我们的生活中充斥着各种习以为惯的理所当然，比如，女生在约会中，似乎就应该受到优待；比如，在一个家庭中，女人成为全职太太似乎是理所当然，而男人一旦成为家庭煮夫，就是伟人一般的存在；再比如，现代的我们对成功的标准定义正变得越来越高，从前的我们走在路上看到一个人手中拎着大包小包便觉得“他真有钱，他一定很成功”，而现在的我们，不论看到别人什么样的机场照，内心都会生出“如果换成我，一定更好看”的念头。我们习惯了一边刷着朋友圈感叹着别人的幸福与轻松，一边暗自努力着将自己的生活一角打上高光，然后如法炮制地搬到朋友圈上面，接受圈中好友的审阅，寻求别人的赞扬。似乎只有通过别人的点赞认证，我们才会真的觉得自己是优秀的。但其实，你我都知道：这从来不是生活的全部。

广泛的社交人群，丰富多样的社交平台都是我们生活在现代社会中的“必需品”，他们给我们带来了沟通的便利和表达

的便捷，却也带来了曝光成本的降低和虚荣心理的滋长。在社会这么多“理所当然”的心理加持下，各种披着“正常”外衣的虚荣行为正大行其道，充斥着我们的生活。

前段时间，某网络平台上的一则借呗广告引起了时下年轻人的吹捧与追逐。广告视频里讲了国内三个不同城市里三个不同年轻人面临的同一困境：正当年轻却没有钱的时候，是选择向生活屈服，过符合自己经济条件的生活。还是选择向命运挑战，提前过上自己想要的生活。这选择题听来十分简单，当然是选择向命运挑战，提早享受自己想要的生活啊。于是，你看到了家中一贫如洗的少年为自己买了一辆心仪已久的摩托车开始翻山越岭；你看到了原本在一线城市内奋力拼搏的青年为自己买了一把昂贵的吉他，开始肆意弹唱，尽情挥洒；于是，你看了一个原本为房租水电费用发愁的少女为自己报了心仪的健身班，开始刻苦锻炼，挥洒汗水。配合上视频中激情的节奏音乐，你的情绪会被慢慢点燃，开始坚信这才是年轻人应该值得拥有并努力追求的生活。然而，文案之外，仔细思考：虽然因为有了借贷平台的出现，这几位少年暂时拥有了梦寐以求的物件和生活，但是这并未真正解决他们面临的问题和困难，甚至这些价值不菲的事物反而加重了他们的负担。所谓梦寐以求的心仪生活不过只是没有根基的表象，就像是孩童堆积起的沙堡，稍有不慎就随风飘散。

只要你冷静下来，思考本质，你就会发现：他们不过是用一种外表的浮夸掩盖了内心的贫瘠。或许，你会认为事情并没有我所讲的那么严重。毕竟，如果有足够自制能力的小朋友遇到这种情况，通过一时的借贷为自己购买一两件心仪的物品，能够让自己暂时摆脱心中的愁苦，这也是值得的。并且，给自己适当的压力激励自己去奋斗未尝不可。但是，这一切成立的前提是你是一个有着极强自控能力和有稳定经济来源的人，而不是一个不谙世事的未成年或者已成年的巨婴。通过借贷似乎能够让你很容易就提前过上想要的生活，拥有想要的物件。但是提前消费，本质不过是在透支你的未来。未来被透支到了一定的程度，最终只会让你陷入更大的失望和悲苦。

人生路上，多的是能够困住你一时的小坑小洼。如果每次遇到一点困难就试图通过逃避来麻痹自己，那么你可能需要麻痹自己一辈子。试问，又有谁真的能够麻痹自己一辈子呢？短暂的麻痹过后，总会有清醒的一天。等你真正清醒的时候，可能面临的问题会比现在要大得多。因此，人生在世，自有属于你的节奏，何必要急于一时，将未来的快乐提前消耗呢？诚然，我们可以适度消费，可以想办法争取自己的所思所爱，可以给自己更加美好的期许。只是，请不要忘记适度二字，任何的消费与追求都不应该抛弃适度的范围，过了你能承受的极限，得来的只会是被拉伤的精神与情绪。

不去与人盲目地比较，就会弄清楚自己内心真正的所思所想。走在路上，工作在单位中，纵然有很多令你艳羡的存在，也不要忘记真正的本我。学会管好自己的内心，管好内心的漂浮与悸动。当被吸引而羡慕时，当被诱惑而渴望时，当被怂恿而烦躁时，学会克制与冷静，学会自我管理与控制，学会让自己放慢追逐的脚步，最终，找到属于自己、合适自己的前进步伐，你一定能够收获到真正属于你自己的一份鲜花和掌声。

你认为的努力，其实只是感动了你自己

前些年，大多数人都以为真正影响一个人是成功还是失败的，是智商。在那个时候，每个人都把智商看得至关重要。而近些年来，情商的概念被认为更加重要，所谓情商，就是一个人对于情绪的综合掌控能力，它关系到人生的方方面面。有人说，一个智商高而情商不高的人也许只能从事科学研究工作，而一个情商高但智商不高的人，却可以做好管理工作。这意味着什么？高情商的人领导高智商的人。当然，对于任何一个人来说，如果能够同时拥有高情商和高智商，则人生也就无敌了。当然，同时拥有高智商和高情商的幸运不是人人都有的，我们要做的是努力提升自己的情商，让自己在人生中有更加出类拔萃的表现。

对情商低的人，人人都会诟病。有人说情商低的人不会说话，不会做事情，也不会与人相处，其实情商低的人最突出的

表现是，在生命的历程中从来没有真正努力，却偏偏要在众人面前表现出一副自己非常努力的样子，甚至还因为这样的伪装而把自己感动了。何为假装努力呢？假装努力就是当着别人的面暂时努力，等回到家里却安逸地半躺在沙发上看电视，或者在温暖的被窝里蒙头大睡。可想而知，这样的努力根本不会有结果。但是他们偏偏认为努力没有结果不是自己的责任，而又去当着别人的面抱怨命运不公，抱怨自己没有出生在好时候。其实，这个社会有的时候是很残酷的，只看结果，而不看过程，你解释得越多，越是说明你过于心虚，只能以这样的方式掩饰自己的怯懦无能，也只能以这样的方式来安抚自己的心。

和这样的假装努力者相比，真正努力的人从来不会以努力作为自己的标签，因为他们在全力以赴奔向前方的过程中，从未意识到自己有多么努力，他们一心一意想着的就是要拼尽全力，要不遗余力，要坚持到最后。这种现象很可笑，假装努力的人标榜自己很努力，而真正努力的人却从来不把努力作为自己的标签，而是默默付出和坚持。从功利心的角度而言，前者的功利心未免太强，他们时刻都想获得努力的成果，却没怎么坚持努力，又太容易因为没有回报而放弃。相比起他们，后者一直在努力，一直在坚持，一直在突破自己的极限，因为他们觉得一切努力都是理所当然，所以不会因为努力太久或者太累，就轻易放弃。正是因为如此全身心投入努力之中，他们才会在不知不觉中就获得了成功。

作为一名初中生，思琪表现出了不符合年龄特点的努力和认真。即使少女时期的她难免贪玩，但是思琪却表现得特别努力。每次语文老师布置作业，思琪都会完成更多一些；每次数学老师下课准备离开教室，思琪总是跟在老师后面问东问西，求知若渴。有的时候，她还会主动向学习好的同学求教。甚至，有一次思琪发高烧，她也坚持脑门上贴着退热贴来上学，为此被老师狠狠地表扬一番，还号召全班同学都要向思琪学习。

就是这样一位勤学好问的好学生，学习成绩却如同坐了过山车一样忽高忽低，而且她的成绩很大程度上取决于不同同桌的成绩。后来在高考中，思琪发挥彻底失常，连大专都没有考上，还是父母花了钱，她才去了一家民办学校混了个大专文凭。

思琪如此好学，为何成绩却不尽如人意呢？原来，思琪不是真的好学，而只是假装好学，不是真的努力，而只是虚伪地努力。在初中阶段，班级里大多数同学尽管比小学阶段对于学习的态度更端正，但是还没有发展到能够完全自主学习的程度，为此思琪表现出爱学习的样子给老师看，自然能够得到老师的认可和赞赏。假装的努力，不但被别人看在眼里，甚至把自己也给感动了。

学习是需要真本领的，只靠着花拳绣腿的面子工程，根本不可能提升学习的效果，更不可能让学习有好成绩。真正的学霸未必是班级里看起来最认真刻苦的孩子，而是那些能够真正对学习专心致志、全心投入的孩子。当对学习专注，全身心投入学习，孩子们哪怕只学习一个小时，也会起到比两三个小时三心二意敷衍学习更好的效果。因此，对于学习不要骗自己，不要假装努力，更不要因此而误以为自己真的很努力。

书山有路勤为径，学海无涯苦作舟，对于孩子而言，学习方面发扬勤奋好学的精神是必须的，但是却不是唯一重要的。要想在学习上获得成功，还要用心、专心、耐心。同样的道理，对于每一个成人而言，对待工作也要采取同样的态度，不要总是对工作三心二意，却假装努力的样子给领导看。时间是最好的检测，假装努力也许可以伪装一时，但是时间久了，努力付出与收获之间不成正比，就会导致努力的假面被揭穿，也白白浪费了时间，可谓骗人骗己更是害了自己。

缺少自律，一切都成了空谈

前几天刷微博的时候，看到了一张有关杨丽萍老师裸背的热搜，点开以后，发现是网友从她背后抓拍的一张穿舞蹈服露出美背的照片，当时的杨老师正拎着裙子，在两名工作人员的陪同下往舞台区走去。照片中的美背白皙娇嫩，腰部线条纤细紧绷，没有一丝赘肉和松弛。如果不告诉你，你绝对想不到照片中的人物今年其实已经有六十岁了。在照片的下面，网友还附上了杨丽萍老师在节目中独舞的视频。时隔这么多年，那个跳着孔雀舞的杨丽萍仍在舞台上翩翩起舞，如诗，如梦，如月光……美得无以复加。

在这个90后都开始忍不住嗟叹着自己老了，拼不动的时候，这些年纪上已经能给他们当姨妈、奶奶的人却还在仔细打理自己，努力让自己身上没有一丝暮气，脸上瞧不见一点油腻。其实，岁月一直都是公平公正的，你可曾知道那些被岁月饶过的那些人，他们做了什么？他们可曾轻易地饶过岁月，放过时间？

就像是刚刚提到的杨丽萍老师，人人都夸她已经年近六十却仍然美若仙子，可又有多少人能够知道她为了维护这美丽，又是付出了多少努力呢？须知，即使是已经达到了世俗标准的功成名就，杨丽萍老师却仍然坚持独自在练习室里练舞到凌晨四点，从未有过改变。现代信息咨讯的快速发达，让我们见多了不被岁月摧残的美人，却鲜少能够了解到她们背地里对自己的严苛和自律。

其实，你我都知道，这世上从没有人能够随随便便地成功，这世界也总是在偷偷奖励自律和默默努力的人。然而，这样的道理听了很多遍，真正能够明白，并且能够做出改变的却没几个。

知乎上有一个引起高度讨论的话题：你见过最不求上进的人是什么样子？获得点赞最高的回答是这样的："我见过的最不求上进的人，他们总是会为现状焦虑，却又没有毅力践行决心去改变自己。做什么事情都只是三分钟热度，明明也时常憎恶自己的不争气，但是坚持最多的事情就是坚持不下去。他们总是以最普通的身份埋没在人群中，却一直过着最煎熬而不自知的日子。”确实，这短短的几行字，所描述的不正是我们绝大部分人的生活状态吗？殊不知，人和人之间的差距就是在这些细微的日子里慢慢拉大的。

曾经有记者提问著名的篮球运动员科比：“你为什么能够如此成功呢？”科比却反问记者：“你知道洛杉矶凌晨四点的早晨是什么样子吗？”短短的一个回答，却饱含了科比训练十几年的坚持和自律。遥想当初那个画面，或许还是在漫天的繁星下，又或许是在寥落的灯光中，街上几乎不见行人的踪迹，整个洛杉矶都还沉睡在一片黑暗中的时候，篮球场上就已经多出了一个训练狂人在勤奋练习。就这样，十年的时间过去了，洛杉矶街道早上四点的黑暗没有改变，但科比早已变成了一名有体能、有力量的伟大运动员。

其实，每每说起自律，总是有许多人会反驳：成年人光是每天活着就已经很不容易了，除非有钱、有闲，否则一切的自律不都是瞎扯淡吗？然而，事实真的是这样吗？我想，并不尽然吧。生活中的我们总是喜欢用自己忙、压力大来作为不求上进的借口，但是又有几个人能真的比那些事业有成却仍在坚持的人还忙呢？很多人都喜欢将自己成功以后的日子称之为光辉岁月，但人生真正的光辉岁月应当是奋发之时。

其实，太忙也好，太迟也罢，又或者真的是压力太大，生活太苦，你我心中都清楚：很多你不想做的事情，即便是真的有空有闲，你也总是能够找到各种各样的理由让自己虚度光阴的，不是吗？但是这世间任何的事情都能够蒙混过关，却唯独欺骗自己不能。其实，人生最讽刺的事情莫过于当新年到来时，自己去年定下的目标和心愿，如今改改时间，竟还能用。

其实你我都知道，这世上从没有后悔药可以吃的。人生从没有白走的路，你我付出的所有努力，做下的每一个改变，其实都已经被记录在册。只要学会长期坚持和坚守，日积月累，我们早晚会成就属于自己的无可替代，成为别人的望尘莫及。就像是杨丽萍老师的身材就是她实力的见证，希望等我们到了这样的年纪的时候，也能够有底气地说上一句：即便是岁月不饶人又如何？我从这岁月中走过，也未曾轻易饶过它。

拥有多少能力，就能够享受多少美好

曾经认识这样一位朋友：不管什么什么时候出现，出现在何地，她的衣着、妆容永远都是精致不重样的。即便只是一起出去逛个街，吃个饭，她也一定是人群中最亮眼的那一个，并且，她的口头禅就是：女人嘛，就是要活得漂亮，活得精致，才对得起自己。这个姑娘不光对自己的衣着妆容有很高的要求，还经常计划着到处旅游。有时，走着走着，她会突然对我说，她想去看埃菲尔铁塔，想去敦煌，想去骑行，还想去看极光。甚至，她的计划里面还有去学习茶艺、烘焙、去法国定居一段时间，等等。

如果你对她不熟悉，听着她这样的口气，你会以为她就算不是富家千金，也至少是一个不愁吃穿的姑娘。但是，事实却是截然相反。接触过一段时间以后，我才发现，正是因为她对于自己衣着妆容方面的超高要求，她总是承受着比我们要大得多的压力，她的信用卡每月都是超额消费，次月又不能立刻还清。债务越积越多，曾经还造成她被列入失信名单。但即便是这样，她还是控制不了自己的购买欲望，见到心仪的裙子还是会继续透支信用卡再次购买。家中的裙子多到柜子都塞不下，却又舍不得丢弃。在了解了她的情况之后，我经常劝她节省开支，但她从不认为自己的行为习惯有任何的不妥，更不认为自己的生活有什么问题。

而让我最不能理解的是，她的收入并不是特别高，因为她的工作非常得不稳定。而不稳定的最大原因是她频繁跳槽，在单位里稍有不如意，她就会下定决心辞职。因为她不愿意迎难而上，更不允许自己委曲求全。于是，她就这样盲目地走着，却从没有反思过，其实她的生活方式已经严重透支了她的能力。就这样，她的生活一面是一个个华丽的美好愿望，另一面却是赤裸裸的悲惨现实。

或许，有人会说，谁的生活不是一面是华丽的美好愿望，另一面却是赤裸裸的悲惨现实呢？确实，就像是一枚硬币的两个面，我们每个人的生活都有好有坏。但是，这并不代表着我们就应该就此放任并人为扩大这两面之间的落差和距离。人生的风雨太多，没有谁能够每次都很及时地赶到你的身边为你撑伞。只有学会将雨伞握在自己的手中，才能够避免自己被淋湿。

生活在现在这个信息爆炸的时代里，我们看多了别人的成功，就会有一种错觉，感觉一切都很容易得来。“我也值得这样的生活，我的生活应该也是这样的，或者这样美好的生活离我很近，近到我随时都能够拥有，而我之所以没有拥有，只不过是因为我不想而已。如果我想的话，我也一定很容易就能达到。” 但其实，既然一切都很容易，又为何不真的努力争取一下呢？你我都知道，凡事总是说着容易做着难。

在这个被撕裂的时代，我们每个人的欲望都在无形中被诸多的引诱越放越大。在这个时代里面，我们有着太多的机会和渠道能够看到超出我们想象的快速发展和机遇，欲望实现的门槛降得越来越低，甚至让我们产生一种唾手可得的错觉。但其实，这些被提前预支的欲望的满足并不会对我们的人生发展有着更好的帮助和支持，只会让我们产生一种似乎不用过分努力就能通过风口获得成功的错觉，这种错觉让我们对人生的成功产生了侥幸感。

曾经有人说，在这个时代里，哪怕是头猪，只要站在了风口上就能飞上天。确实，人生就是有这么幸运和奇迹的时刻，让你不费吹灰之力就能够轻松得到心中所想。于是，多少人一拥而上，蜂拥而去，都去追寻这看不着摸不到的风口，等待着奇迹也降临到自己的头上。但是，又有多少人认真看到了这段话的后半句呢？风口既然被称作为风口，就总是会有消散的时刻，而等到风口退去的时候，那些被吹上天去的猪们却也是跌得最惨的。因此，学会掌握真正属于自己的能力，让自己的能力能够匹配上内心的欲望，这才是我们应该努力的方向，才是我们值得为之付出并争取的事情。

拥有多少能力，就享受多少的美好。反之，想要追求多少的美好，就要付出多少努力，掌握相应的能力。将现有的资源与自己的能力适配，砍掉超过自己能力的欲望，即便那些美好真的很诱人。上帝从来都是公平的，世界上没有任何一个人活一世，会不受任何的委屈、挫折和打击。面对同样的困境，有些人很快就能够走出颓废沮丧，而有些人只会破罐子破摔。我一直都认为，评判一个人强大与否的标准不是看他到底征服了什么，而是看他学会承受了什么。就正如评判一个人成功的标准从不应该在于他能够站得多高，而应该看他到达谷底以后，多久能够再次反弹出来。一个懂得遇事加强自己能力的人明白一分耕耘一分收获的道理，自然也会懂得拥有多少能力就去享受多少美好的道理。而一个拎不清、搞不清楚自我位置的人，即便想尽一切办法获得了自己渴求的美好，也无法长久地维持。因而，人生贵在量力而为，只有不断增强自我的学习能力，才能让自己拥有那份享受美好的能力，才会让自己的欲望与自己的能力对等，长久享受这份能力带来的美好。而在自己还没有足够能力以前，先不要急着去享受。你所透支的不过都是原本属于未来的美好，这就像是借了人生的高利贷，这份透支只会让你的余额越来越少，还贷的压力越来越大。

玩物丧志，克服你的“玩心”

“学会控制自己，收起你的玩心”，这是一个浅显的道理。道理虽简单，真正能做到却不容易。

玩心谁都有，有玩心也并不是什么可耻的事情，只要我们把握好相应的度。通往成功的路上，总是充满荆棘与诱惑。“玩心”也是一种诱惑，一种来源于你本身的诱惑。“玩心”其实很容易克服，因为它来自于你的本心，控制好你的本心就好。但“玩心”也是最难以克服的，因为我们常常对别人严格，对自己松懈。

攀登通往成功的路就像是攀登一座高山，山上有一条小路，路的两边有各色的风景。走在路上，两边的风景仿佛格外美丽，草丛里的小动物似乎特别可爱。面对美景，有人走走停停，有人埋头向前。走走停停之人认为埋头向前之人不会好好享受生活，埋首向前之人却嘲笑走走停停之人不懂得珍惜时光，效率太过低下。其实这两类人并没有对错之分，只是对于“控制自己”这个问题的态度不一样。

凡事过犹不及，物极必反。控制自己，收起玩心，并不意味着杜绝玩乐。喜欢玩乐是人的本性，没有人会喜欢枯燥与单调。适度的玩乐不仅可以给人带来快乐，还可以激励自己更加努力，为自己和家人创造更好的玩乐条件与环境。

时光如同流水，总是在你不经意间就悄悄流逝。生活中总是会有这样的经验：准备做一件事情，做到半途却又不自觉地拿起手机。手机中并没有任何的待办事项，但是仍然玩玩看看，把玩一番。等到回过神来，时间已经浪费了许多。任务还没有开始，一天就已快结束了。提高工作效率，需要我们学会控制自己，收起玩心。

经常在新闻中看到这样的标题：某某高考状元，为了学习将手机应用全部卸载。高中生面对高考正如我们面对人生，不同的是，高考有明确的答卷和时间，复习也有明确的资料。但是，人生没有。人生的答卷通常都是开放式的，你所有的辛劳只在某些特定的选择出现的时候有所体现。高考有负责任的监考老师，但是，人生没有。当你忍不住想要从座位上站起，走出教室去游玩，没有人会阻止你，只会有人在暗自窃喜。此时请学会控制自己，收起你的玩心！

掌握好一定的方法，控制自己并不难。给自己一段相对宽裕的时间，在这段时间里面，制定一个可以实现的目标。将时间划分为每一天，每一天里完成相应的任务之后就给自己等量的小奖励，这样，你的每一天都是快乐且充实的。

强制的时间控制是痛苦的，但控制自己可以有正确的引导方法。将自己爱玩的变成积极的兴趣爱好，有了兴趣的指引，坚持一定不再是一件难事。玩乐只要有了坚持的加持，就不再是简单的玩乐。北京民间老艺人张玉先老先生喜欢玩沙，从古老艺术“景泰蓝”中汲取精华，经过多年的把玩研究和反复的试验，创造出了风靡一时的“沙画”。沙画目前已经成为新兴的新型民间手工艺术。这样的例子有很多，控制自己的玩心，将玩心变成探索的心，你也可以成为自己人生的大师。

控制自己，收起你的玩心。不光是为了你自己，更为了你的父母和子女。有时间悲叹“赚钱的速度赶不上房价、奋斗的速度赶不上父母老去的速度”的时候，收起你的玩心，停下你手中的游戏，去看书，去积累。说不定你手中的这本书就会成为你打开下一扇门的敲门砖，人生从来就是如此妙不可言。难道不是吗？

第07章

每个想要绽放的人，都要经历等待的考验

生活中，人们常说，“心急吃不了热豆腐”，指做事不要急于求成，喻踏实做事就会水到渠成。的确，总是想着成功的人，往往很难成功；太想赢的人，往往不容易赢。欲速则不达，凡事不能急于求成。相反，以淡定的心态对之，处之，行之，以坚持恒久的姿态努力攀登，努力进取，成功的机率才会大大增加，所以，正在为未来奋斗的人们，请一定要记住，只要你愿意坚持等待，成功一定会向你走来。

激发生命的本能，在等待之中迎来更好的机会

现实生活中，很多事情都需要等待，父母期盼孩子成长，需要等待；孩子想要知道考试成绩，需要等待老师公布最权威的答案；进行罗曼蒂克恋爱的人，更是需要时光的流逝，才能感受到爱情的到来；甚至连煲一锅汤，也需要等待，才能等待食材滋味的释放，拥有一锅鲜美的靓汤……总而言之，人生之中需要等待的东西太多，只有不断地坚持努力，才能最大限度激发生命的本能，也才能在等待之中迎来更好的机会。

用心等待，不要急躁，一朵花开也需要时间去酝酿，我们要相信，该来的总会来。在整个世界中，万事万物都有自身发展的规律，我们必须尊重这些规律，在想要做好一件事情的时候，把握事情本身的节奏。如果曾经读过揠苗助长的故事，那么你就会知道揠苗助长非但不利于禾苗的生长，反而会让禾苗快速死亡。

很久以前，有一个小伙子经人介绍认识了一个女孩，女孩正是他喜欢的类型，为此他决定和女孩开始约会。第一次约会，小伙子就迫不及待，比约定的时间提前了一个小时到达约会地点。然而，姑娘也许是因为矜持，居然姗姗来迟，比预定的时间还晚了半个小时。在这一个半小时里，小伙子急得如同热锅上的蚂蚁，等到姑娘到来的时候，小伙子早就忘记了是因

为自己提前到来一个小时才等得这么久，而把整个一个半小时等待的焦急全都怪罪到姑娘身上。于是，小伙子对着姑娘劈头盖脸地数落，根本没有把姑娘的解释听进去，最终，他们不欢而散，爱情就这样还没有开始就彻底夭折。

如果小伙子能够更加耐心一些，耐得住寂寞，或许就可以等来自己梦寐以求的恋人，开始美妙的爱情。原本值得期待的爱情，就这样结束，让小伙子感到内心焦虑不安，也无法顺利开始爱情。很多事情，都是需要等待，才能获得最好的结果。在南美洲，有一种体形庞大的蟒蛇，因为身体沉重，所以行动的速度比较缓慢。由于缺乏速度优势，它在捕捉事物时，就只能潜伏在一个地方等待猎物经过。这样的等待过程是漫长的，有的时候，大蟒蛇必须等待一两周的时间，才能等来猎物。但是，它很少更换等待的地方，因为它知道，只要耐心守候，就一定会有猎物经过。在等待的过程中，它并不会疏忽懈怠，而是会调动起自己所有的警惕，从而在猎物经过的时候，最大限度激发自身的能量，保证一下子就把猎物死死缠住，再慢慢享受。

人生，固然需要学会主动出击，却也偶尔需要守株待兔。有的事情，并非人的主观能动性可以决定的，那么就要安静地等待，全心全意地守候。尤其是在人生的舞台上，每个人都希望自己能够抓住机会获得成功，却不知道机会并非随时随地都在那里，而是需要耐心等待，只有等待的过程中随时做好准备，才有可能抓住它。记住，人生既需要主动积极地开疆拓土，也需要耐心等候，这样才能两面兼顾，在时机到来的时候一蹴而就获得成功。

调整好对待生命的态度，才能豁达从容

知名主持人孟非写了一本畅销书名叫《随遇而安》。很多读者和观众朋友在听到“随遇而安”这四个字的时候，内心是有疑虑的：不都主张人生应该努力奋斗和争取吗？怎么又变成随遇而安了呢？的确，人生是需要奋斗和拼搏的，但是也要随遇而安，因为人生的境遇并不相同，甚至随着时间的流逝而不停地改变，只有不断调整对待生命的态度，才能豁达从容，让人生豁然开朗。

“同一件事想开了就是天堂，想不开就是地狱。”的确，人们常说，心若改变，世界也随之而改变，这句话其实是很有道理的。在大多数情况下，人生就在一念之间，因而学会转念，对于每一个渴望获得幸福人生的人至关重要。

现实生活中，有太多的人因为一些不值一提的小事情就深陷苦恼，进而抱怨命运不公，抱怨外界的一切。殊不知，外部的很多事情是无法改变的，但自己的心情却是可以调整的。有一些人始终活在过去之中，对于已经成为历史的一切感到不满，也因此让自己陷入生存的困境无法自拔，例如鲁迅笔下的祥林嫂。实际上，过去已经不可改变，如果一味地沉浸在过去

之中，就连当下也错过了，就会导致问题变得更加糟糕。最重要的在于，从过去中摆脱出来，勇敢地面对现在，也全力以赴地过好将来，这样才是真正珍惜时间、把握人生的表现。正如谚语所说的，不要为打翻的牛奶哭泣。人生之中，有太多的牛奶已经失去，那么就要珍惜正在把握和即将到来的一切，这样才能最大限度激发人生的力量，也才能全力以赴把握和充实人生。

很多人都因为人生有遗憾而感到惋惜，却不知道没有遗憾的人在这个世界上根本不存在。能够获得幸福的人生，并不取决于你拥有多少，而取决于你的心是否宽容和豁达，是否能够从容地接纳自己和他人。

常言道，进一步万丈危崖，退一步海阔天空。任何时候，都不要因为客观外物的改变而轻易改变心情，心不变，才能以静应付外界的动，才能从容地调整好心情，应对外界的各种急剧改变。记住，人生从来不在一时，而在于一生一世。因此，只有宽容豁达的人才能真正地掌控人生，主宰自我，也才能从容地驾驭命运。

只有等待，才能等到人生美好的未来

很多时候，人生都是需要等待的，因为有些事情并不像我们想象得那么简单，更不会像我们所期望的那样去发展和结果。有过等待经历的朋友们，都会知道等待的痛苦，在等待的过程中，人会感到焦灼，内心也会疲惫。实际上，等待是一种能力，也是对人生艺术的经营。在生命的历程中，经常需要等待，才能等到开花结果。小小的婴儿要等待，才能不断地成长；学生需要等待，才能在寒窗苦读十几年之后，考取理想的大学；职场人士需要等待，才能在努力的过程中抓住更好的机会……总而言之，只有等待，才能获得理想的结果，也才能拥有人生美好的未来。

人生，不可能永远喧嚣和热闹，也不可能永远孤独和寂寞。很多事情都有自身发展的规律，我们只有尊重事物发展的规律，才能学会耐心等待。在小学阶段，我们就曾经学习过《揠苗助长》的故事，也知道很多事情一旦打破规律，就会朝着糟糕的方向发展。因此，我们固然要提升做事情的效率，却也要遵循事物发展的规律，这样才能有的放矢推动事情发展，取得更好的结果。

遗憾的是，在人生的道路上，每个人都渴望着能够一蹴而就获得成功，都希望天上可以掉下来一个大馅饼。如果一朵花开都需要那么漫长的时间去积蓄力量，你想获得的伟大成功，如何能在转瞬之间就得到呢？苹果从开花到结果，需要半年的时间；蝴蝶从虫卵到破茧而出，也需要一个月的时间。古人云，冰冻三尺，非一日之寒；水滴石穿，非一日之功。不管做什么事情，我们都只有全力以赴，坚持积累，才能由量变引起质变，也才能在坚持的过程中迎来最好的结果。

常言道，欲速则不达。当我们因为心急而迫不及待想要获得一个结果，甚至不择手段想要马上就获得最好的结果，则最终也许会导致结果变得更加糟糕。在人生中暗淡的时刻里，我们一定要能够耐得住寂寞，守得住清贫，这样才能最终得到良好的结果。

当然，很多人在等待的过程中，难免会因为心急而焦虑不安，也会因为抱怨而让自己陷入更加负面的情绪状态中，从而导致自己失去主动进步的动力，变得消极懈怠，沮丧不安。其实，等待不是守株待兔，只靠着被动等待是不能获得良好机会。所谓等待，应该是积极的，在等待的过程中也要一直坚持努力，不断积累，这样才能在等来机会的时候，当机立断抓住机会。否则，如果总是在消极的状态之中怨声载道，就非但无法抓住机会，反而会在机会到来的时候眼睁睁看着机会溜走。从这个意义上而言，等待是苦，也是蛰伏。唯有以正确的方式等待，在坚持中不断积累，我们才能在等待中成长，也才能在等待的过程中不断地得到激励，获取进步。

人生苦短，我们既要一路高歌奋进，也要学会等待，耐得住寂寞。在等待的过程中，还要韬光养晦，不断地积累，我们才能默默坚守，静静等待。要相信，每个人的人生都有花开的时候，与其在抱怨中迷失自我，也被时间抛弃，不如学会等待，学会安静地守护人生，也学会给自己时间和机会绽放。

别急功近利，该来的都会来

很多人都误以为人生是百米冲刺，只要发令枪一响，不能有片刻迟疑，只有马上如同离弦的箭一样冲出去，才能争取到先机，才能至少保证不落后于人。这样积极地投入人生的比赛之中，态度当然是可取的，也是好的，但是有一点却错了，那就是人生不是百米冲刺，而是漫长的马拉松。能够赢得在起跑线上固然好，如果不能赢在起跑线上，也不要沮丧绝望，只要坚持不懈地去跑，一个又一个超越身边的选手，就可以从落后到领先，就可以有希望夺得冠军。

遗憾的是，现实生活中，很多人都非常浮躁，对于生活急功近利。他们总是迫不及待想要成功，恨不得可以一蹴而就，却完全忽略了进步是需要循序渐进的，成功也是需要慢慢积累的。任何时候，都不要对于人生有过于急迫的想法，所谓欲速则不达，对人生急不可耐，往往只会导致糟糕的后果。

国际马拉松友好比赛在日本举行的时候，山田本一成为了夺冠黑马。在此之前，山田本一默默无闻，从未有人关注过他。此次夺冠，他受到了很多人的关注，一些记者闻讯赶来采访他。有一位记者问山田本一："你是如何取胜的？"山田本一说："凭着智慧。"记者听到这个回答简直晕头转向：马拉松比赛和体力和耐力有关系，与爆发力都没有太大的关系，又与智慧有什么关系呢？记者以为山田本一是在故弄玄虚，因而断言山田本一只是侥幸取胜，根本没有实力。

时隔四年，在另一个国家的城市里再次举办了国际马拉松友好比赛。在这次比赛中，出乎所有人预料的是，山田本一再次获得了冠军。这一次，人们更加惊讶。因为在马拉松选手中，山田本一身材矮小，其貌不扬。他到底是如何获胜的呢？又有记者问到山田本一这个问题，没想到山田本一还是淡然回答："凭着智慧。"这个回答，依然让人云里雾里，根本分不清楚真实的状况到底是什么。直到十年后，山田本一出版了自传，在他的自传里，人们才知道了真相。原来，山田本一真的是凭着智慧取胜的。他每次参加比赛之前，都会非常认真仔细地熟悉赛道，也会用沿途的标志物对赛道进行区分。这样一来，他在跑步的过程中，会在到达一个标志物之后，马上出发朝着下一个标志物进发。由此一来，他的每一段赛道都是在快速奔跑，当其他选手跑过大半程，感到身心俱疲的时候，他却依然精神抖擞，自然能获得冠军。

山田本一原本不是身体素质最优秀的选手，却因为掌握了在马拉松比赛中保持充沛精力和热情的方式，而战胜了体力更好的对手。哪怕他的起跑慢一点，也可以在后来的全速前进中领先于他人，为此他能获得冠军也就是理所当然的。在人生的漫长旅程中，不要总是纠结于起点，实际上拥有怎样的起点，对于漫长人生的影响并没有我们想象中那么大。当然，有更高的起点当然是好的，没有更高的起点也无须觉得沮丧，只要继续努力，拼搏进取，在人生的马拉松中也可以跑赢高起点的竞争者。

当然，在整个赛程中获胜也是需要技巧的。例如，我们也可以和山田本一一样，为自己确立遥远的终点，然后再把大目标分解为一个个小目标，这样一来不但有利于实现小目标使得自己得到激励和鼓励，也可以让大目标看起来不那么遥远和不可接近。饭要一口一口地吃，路要一步一步地走，千里之行，始于足下，我们必须非常努力，才能积小步以至千里，积小流以至江海。

记住，起点高并没有那么值得骄傲，因为高的起点只能说明你的父母非常拼搏，为你的人生奠定了良好的基础。只有在终点获得胜利，才是真的成功，也才是真正值得骄傲和自豪的。当你羡慕李泽楷的时候，不要忘记李嘉诚可不是富二代，既然命中注定你无法成为李泽楷，你就要努力拼搏让自己成为李嘉诚!

人生需要不断“归零”，才能使自己处于最好的状态

电影《乱世佳人》里的女主角郝思嘉有这样一句经典台词：“After all，tomorrow is another day!”它的中文翻译是：不管如何，明天又是崭新的一天！女主角郝思嘉是一个经历过人

生大起大落的人，从受人瞩目、众人追求到穷困潦倒、难以生活，甚至在电影的最后，历经许多悲欢离合后的她变得一无所有，连男主角也即将离她远去。但是郝思嘉不论如何遭遇打击，仍然保持乐观，正面思考。郝思嘉的这种积极心态正是来源于她的高情商，来源于她“不管如何，明天又是崭新的一天”这样的归零心态。每天都让心灵归零，每天都重新开始。

人生需要不断“归零”。随时让自己归零，才能让自己重新开始，使自己不断处于最好的状态。不要让过去成为现在的包袱，放下是为了更好地轻装上阵，为了更有力量走得更远。让心灵归零，也是一样的道理。人的心灵就像一个容器，倒出得再频繁，失去保护膜的保护，时间长了依旧会有残渣依附，要学会清空心灵的残渣，该放手时就放手，该忘记的就忘记。清除心灵的垃圾，每天刷新自己，才能重新开始。

一个人的心胸通常决定了他所处的境界，而一个人的心态会对他的命运产生潜移默化的影响。在“时间就是金钱，效率就是生命”的当下，人们的工作节奏越来越快，追求的东西也越来越多，压力也随之越来越大。其实，很多道理我们都懂，比如人生短短几十年，我们要珍惜当下；比如人生的一点困难挫折相比较于人生长河来说不过是大海之中的一滴水，只有放宽心态，人生才能得到真的解脱；比如人生苦短，遇到的人与事千千万万，实在不必将每一个人的评价都放在心上，再比如人生需要不断归零，重新调整才能使自己随时保持最好状态。

这些道理我们都懂，然而是否真的能做到就看个人的信仰和修养了。

人生如戏，戏如人生。将人生当成是一场游戏，将拼事业当成一种玩乐，有人认为这是一种不负责任，有人却认为这是一种豁达。这之间的区别就在于个人经历所形成的不同信念。有人生性洒脱，胸怀博大，大到可以游戏人生，玩出事业。有人谨小慎微，步步慎重，每一步都精心规划，重在精准。这没有对错，却值得相互借鉴。站在不同的角度上观察这个世界，世界就会千变万化。当生活中遇到的困难突破了你能承受的极限，不求自己有“宠辱不惊，闲看庭前花开花落；去留无意，漫观天外云卷云舒”的豁达，但求自己相信，所有的苦难并不只会针对你一个人，同样，上天也不会只眷顾同一个人。

不管生活中的我们地位的高或低，财富的多或少，知识的深或浅，经验的多或少，我们都要有一颗随时归零的心态。墨守成规只会让一切停滞不前，心态归零就能始终保持谦逊，你才会不断提高自己，逼迫自己不断成长。就好比用计算机计算一堆数字，当连续往里输入一串一串数字时，当某个数字敲错，最好清零重新开始，那样才能确保结果的准确性。如果你想提高效率却屡次输错，可以先将这一堆数字分为几个小组，先计算小组之和，最后再计算全部之和。随着年岁的增长，对于某件事情的观念可能会发生改变。当心态归零时，可以让自己学会更加宽容。好比你喝着白酒突然想喝啤酒，当然是要把杯中的白酒先倒出来，再倒入啤酒，否则，虽然都是酒类，品种不一样，混合之后也能变成四不像。

随时让心灵归零，就是随时保持心情愉悦，不管面对多大的风雨，不管遇到什么样的困难。当心情郁闷，情绪低落的时候，学会让自己安静，放下不开心的人与事，随时让心灵归零，那么随时都是新的起点；当遇到新的挑战并无任何经验的时候，学会让自己保持谦逊，三人行必有我师。将自己的心灵归零就是将自己的以往经验归零，重新开始，调整心态，在新的起点去工作、学习和创新。

人生路上，将逆境转成顺境，除了努力，更重要的就是心态。随时将心灵归零，每天重新开始，将人生逆转！

第08章

亲手设计自己的人生，去过梦寐以求的生活

我们都知道，这个世界上绝没有两个完全相同的人，同样，这个世界上绝没有两条完全相同的人生之路。所以我们在操控人生的时候，必须在深思熟虑之后做出自己的思考和判断，从而坚持走好自己的人生之路，做好自己的每一件事情，活出自己与众不同的精彩人生。反之，假如一个人在生活和工作中，不管什么时候都没有主见，而且越是难以决定的问题就越是犹豫不决，那么最终他们一定会因为拿不定主意感到非常烦恼。所以朋友们，我们必须牢记一个道理：人生是我们的，亲手设计自己的人生，去过梦寐以求的生活。

做自己人生的设计师

你的身边是否有这样一类人，或者你自己是否就是这样的人，那就是从小到大按照父母设计好的人生节奏按部就班地发展，从来也没有一件事情是自己独立做主的。这样的人生乍听起来是很省心的，因为根本不用自己费心去争取或者安排很多事情，而只需要按照既定的节奏去走就行。但是当你渐渐长大，你会发现你的人生变得很苍白无力，你虽然已经成人，却依然无法为自己的人生做主，因为你的父母总是在你身边指手画脚，甚至索性代替你去决定很多事情。在这样的情况下，你未免觉得郁闷，也觉得自己这么大年纪的人了，简直把前面的时间都白白活过了。其实，这就是因为你的人生被设计了。

作为孩子，虽然因着父母来到这个世界上，但既不是父母的附属品，也不是父母的私有物，而是与父母之间有很大不同的。孩子是独立的生命个体，即使父母精心抚育孩子成长，也是不能代替孩子去决定很多事情的。作为父母，要摆正自己的位置，要把握好与孩子人生之间的距离。在孩子小时候，父母当然要代替孩子做各种事情和决定，但是当孩子渐渐长大，父母就要学会放手，让孩子对自己的人生负责。实际上，两三岁的孩子就开始有自我意识，他们渐渐地把自己与外部世界独立开来，为此会表现出很霸道的行为。实际上，这是孩子的自我意识逐渐形成的表现。对于孩子，父母必须要掌握正确的教育方法，也要学会引导孩子，这样才有利于孩子的健康成长，也才有利于孩子的独立。

每个人的人生都是不需要由别人设计的。每个人都不是木偶，不需要被人提着线去操纵。遗憾的是，现实生活中，有太多的年轻人已经习惯被父母照顾，而父母也已经习惯了无限度地参与孩子的生活。不得不说，这样的父母和孩子都需要努力反思自己，改变人生的状态。父母即使再爱孩子，也不可能永远陪伴在孩子身边，照顾和呵护孩子。因此，作为父母，一定要更加理性地爱孩子，而不要以溺爱的方式害了孩子。否则等到有一天父母老去，孩子还如何能够独自支撑起整个人生，也肩负起赡养父母的重任呢？

小可自从出生之后，妈妈一直称呼她为“儿子”。原来，在小可出生之前，妈妈就根据种种迹象推断她一定是个男孩，为此心急的妈妈在小可还没有降临人世的时候，就已经为小可准备了各种各样的男孩衣服和用品。其实，妈妈本身是不重男轻女的，只是因为心中早就做好了准备迎接儿子的诞生，为此在看到小可的一刹那，她有些惊讶。和妈妈相比，爸爸是很重男轻女的，因此虽然妈妈总是称呼小可为“儿子”，爸爸却总是称呼小可为“丫头片子”。

到了好几岁，小可对于自己是男孩还是女孩的问题还是很困惑，性别意识的发展没有其他孩子那么好。因为爸爸一直想要个儿子，所以他就把小可当成男孩来养育，希望小可和男孩一样活蹦乱跳，也希望小可将来能够成为一名工程师。就这样，小可被当成是男孩子养大。父母早就为她安排好了一切，从幼儿园到小学，从小学到初中、高中，终于到了高考的时候，爸爸坚决要求小可报考理科。但是小可也很坚决，她喜欢文学，成绩又很好，所以想考北京大学中文系。为了报考什么学校，爸爸和小可之间发生了大战。最终，从小习惯了听从爸爸妈妈话的小可败下阵来，极其不情愿地选择了一所以理科为特色的大学。

然而，大一才上了半个学期，小可就无法忍耐下去。她向学校申请转入与中文有关的系目，这次甚至没有征求爸爸妈妈的同意。就这样，小可大学读完，顺利考入北京大学中文系的研究生，爸爸这才如梦初醒。小可拿着自己已经出版的一本小说给爸爸看。爸爸尽管愤愤不平，但是看到女儿居然已经成为作家，还是着实吓了一跳。此后的日子里，小可自由自在地继续求学，开心极了。

很多父母都依然固守着“学会数理化，走遍天下都不怕”的传统理念，总是要求孩子学习理科。实际上，孩子到底应该学习什么，不是由于哪种学识更热门或者哪个学科更好找工作决定的。而是由孩子到底对什么感兴趣，更愿意学习什么决定的。

作为年轻人，不但要对于选择学习什么自己做主，在长大成人走入社会之后，会对于人生拥有更大的选择权，为此要更加有主见，为自己的人生做主。记住，每个人都有自己的人生，孩子的人生，绝不是父母人生的延续，而作为一个独立的成人，你也无须去模仿任何人。只有活出自己独特的人生和模样，你才能获得真正的成功！

坚持奋进，始终做生活的主人

如果你把生活的希望寄托在别人身上，你的人生就会变得非常被动，你的未来也会因此而陷入各种糟糕的境遇之中，根本无法自拔。这是因为当你把希望寄托在别人身上，你就在不知不觉之间变成了别人的附属品和私有物，你对于自己的人生失去了主宰的权利。明智的朋友们不会对人生采取这样的态度和姿态，而是会始终都坚持做生活的主人，享受亲手创造生活的乐趣。唯有如此，他们才能在人生中展翅翱翔，飞向属于自己的天空。

还有很多时候，我们与生命的时光会有更好的相遇，但是却不要因此就骄傲了。只有全力以赴奔向生活的美好，只有拼尽全力去积极地创造生活，我们才能在面对生活的过程中拥有更多的收获，也收到更多的幸福。亲手去创造生活，想一想就是一件非常美妙的事情，不得不说，现代社会的很多人亲自动手的能力真的太差了。他们总是会在生命历程中迷失自我，也常常会因为不知道如何动手而错失很多千载难逢的好机会。尽管创造的过程很辛苦，但是这样的生命历程却会镌刻在我们的生命长河中，永远也不褪色。

现代社会中，有太多的女孩在寻找人生伴侣的时候，总是第一时间就想要获得更多的收获，例如她们会要求对方有房子有车还有高薪水，不得不说，如果对方什么都有了，那么你还如何实现与他同甘共苦，共同创造辉煌的人生呢？只有摆正心态，端正对于爱情的态度，才能真正地全身心投入到一段感情中，让爱情变得纯粹，无关任何金钱和物质。当有了雄厚的感情基础再去与对方一起努力奋斗和拼搏，想一想，这样的爱情就很美好，也让人心里感到更加踏实。否则，当女孩找了一个什么都有的男孩，想要共度余生，参与感必然很差，对于未来的把握程度也会很差。所以女孩在寻找人生中美好未来的时候，一定要更加积极地参与，而不要想着坐享其成。

不知道从什么时候起，人们对于生命的态度就完全改变了。曾经，物质生活很贫瘠，但是每个人都满怀积极和热情地对待生活，但是如今，物质生活尽管很丰富，但是却有太多的人都陷入欲望的泥沼之中，想要一下子就获得更多美好的东西，也想要人生一步登天，万事俱备。然而，人生从来不是无端成长的，唯有持续地努力，坚持去奋进，人生才能有更好的收获和未来。

还记得婴儿蹒跚学步时的情形吗？他是那么努力地摆动着双臂，踉跄着向前走，他的脚步不稳当，但他的人生充满渴望，为此他还是要带着好奇去独立探索这个世界。对于人生，如果我们能够始终怀着孩童的热情和热切，那么人生就会给予我们更多的惊喜和回馈。孩子在三岁前后进入自我意识敏感期，最喜欢说的话就是“我的”“我可以”“我能行”，这正是他们想要主宰和掌控人生的表现。

任何时候，生命都是我们自己的。父母尽管生养了我们，精心抚育我们成长，但是我们从来不是父母的附属品，更不是父母的私有物，而是一个完全独立的人。我们有自己的思想和意志，有自己的灵魂，更有自己对于生活的态度。既然如此，就让我们勇敢地主宰人生，在人生的历程中努力地向上，蓬勃地发展吧。不要小看自己的双手，在一切的困难和绝境之下，正是这双手，帮助我们打开通往新世界的大门，也让我们的人生绽放出更加异样的光彩来！当我们成为手的主人，我们就可以成为生命的主宰，也就可以全力以赴在生命中活出自己独特的模样来！

积极主动地改变人生，叫人生不白白活过

对于人生，每个人都有无穷无尽的幻想，大多数人都梦想着人生可以无比绚烂和辉煌，也有人希望得到岁月静好、现世

安稳的人生。不管是怎样的梦想，都是对于人生最美好的渴盼和憧憬。然而，有一种人生相信是每一个人都不想要的，那就是数十年如一日的人生。现实生活中，很多人的生活安稳得让人难过，他们的人生圈子非常小，甚至只有一亩三分地，为此他们尽管活过了很多年，却从未有过更多的人生阅历，每一天安稳的生活也只是前一日的重复，为此他们难免感到内心沮丧和疲惫。这样的情绪是可以理解的，因为没有人愿意自己的人生白白地活过。

人生，总要有些新鲜的内容呈现，才会是更加精彩和让人耳目一新的。然而，当人生总是疲惫地重复时，不要抱怨，也不要对此总是无奈地接受，而是要学会积极主动地改变人生，学会在人生中发挥创意，让人生变得与前一日不同。这一切都取决于我们对待人生的态度，也会最终影响人生最终的结果。

在娱乐圈里，林志颖一直有着不老男神的称号，这是因为时光的雕刻刀似乎在面对林志颖的时候特别温柔，舍不得在林志颖的脸上留下深刻的岁月痕迹。时至今日，林志颖俨然已经成为人生赢家，他在已经有了大儿子之后，又有了一对颜值极高的双胞胎儿子，让人忍不住期待林志颖在带着大儿子参加完《爸爸去哪儿》之后，有朝一日再带着一对双胞胎儿子也参加《爸爸去哪儿》。但是，很多人看到林志颖的春风得意，却很少人知道林志颖有多么努力和拼搏。在明明可以靠着颜值成功的时代里，他却努力锻炼自己的实力。大多数人只知道林志颖是一位歌手和演员，却不知道林志颖还是非常英俊帅气的职业赛车手。除此之外，林志颖还拥有摄影师、企业家、公益大使等等其他各种身份。人们总是说一个人的时间和精力都是有限的，但是林志颖的经历却让美国总统奥巴马都感到震惊，因为林志颖居然能够把那么多的事情都做得出类拔萃。

命运从来不会亏待一个努力的人。你把时间花费在哪里，哪里就会开花结果。英俊帅气又多金的人生赢家林志颖都这么不懈怠地努力，作为普通人的你，可曾有过把汗水滴落地上摔成八瓣的经历呢？如果你没有，那么不要盲目地羡慕林志颖，而是要从现在开始就调整好心态，非常努力，非常拼搏，非常拼尽全力。

中央电视台的知名主持人董卿是不折不扣的央视一姐，但是正当事业如日中天、大红大紫的时候，她却选择隐退，去美国学习，去沉淀和充实自己。不得不说，做出这样的选择需要莫大的勇气，董卿的自信也可见一斑。任何时候，都不要以为外部世界是停滞不前的，更不要让自己处于止步的状态。要知道，生活如同逆水行舟，不进则退，唯有全力以赴坚持向前，我们才有可能与生活保持同样的速度向前。要想超前于生活获得进步，我们就要更加努力进取。

此时此刻，年轻的你也许正在面临人生的十字路口，你内心的彷徨和忐忑，都让你无法从容地面对即将遇到的一切。实际上，往前走，有可能是绝境，也有可能是坦途。即使遭遇绝境，又有什么关系呢？对于人生而言，永远是不经历无以成经验，只有经历更多，我们才能不断地反思和成就自我，也才能获得长足的进步和发展。

在北京，有个小伙子曾经在IT行业上班，每天过着朝九晚五的生活，出入于写字楼，看起来光鲜亮丽。但是有一天，这个小伙子突发奇想：人生不能这样按部就班下去，我必须要开拓人生崭新的天地！就这样，他改行回家种植木耳。原来，他的家在东北，那里有全国最为广阔的森林资源，也出产全国最好的木耳。就这样，他曾经打拼得到的一切全都归零，他成为了一个地地道道的农民，且还是一个丝毫没有经验的农民。选择种木耳，他必须从头做起，开始学习，也偶尔需要交学费，为自己的错误买单。尤其是在推广环节，他常常会遭遇白眼，会被人拒绝。但是，这一切都不能使他退缩。

又是一个十年过去，如今的他已经成为当地有名的木耳种植大户，很多客户自从吃过他的木耳，就成为忠诚的购买者，每年都来他这里买木耳。从骑着人力三轮车在北京的各种集市上叫卖，到把木耳推广进入超市，他对自己的十年很满意，也对自己未来的十年充满期待。

就像去登山，如果你始终沿着人工开凿好的道路去走，怎么可能见识到人迹罕至的美景呢？最原始天然的美景，就在人们都不曾到达的地方，如果你也不曾到达，那么你就没有机会看到令人窒息的美。人生，固然需要按部就班做好很多事情，也需要打破常规，不走寻常路，这样才能进入崭新的境遇，也才可以绽放出与众不同的光彩！

记住，每个人都是这个世界上独立的生命个体，每个人都要活出独属于自己的精彩，成就更完美的自己。否则如果把自己当成是别人成功的复制者，或者无法打破自己的人生之中的局限，只能把自己和人生装在套子里，那么这样的人生就是彻底失败的，也是不值得期待的。人生，没有重来的机会，我们只有在人生的道路上努力勇敢、坚定无畏，才能勇往直前，走到柳暗花明的新境界！

珍惜青春好时光，将生命活得精彩

余文华在作品《活着》中，刻画了入木三分的形象，主人公为了活着而艰难挣扎的模样，深深印刻在每一个看过这部作品者的脑海之中。其实，对于每个人而言人生都只有两条路可以走，一条路是马上去死，一条路是精彩地活着。然而，真正甘愿马上去死的人毕竟是少数，更多的人都坚持好死不如赖活着的信念，他们为了活着而拼尽全力，为了活着而甘愿忍受痛苦。

一个女性因为最近一直在陪伴着妈妈住院，对生死瞬间有了深刻的感悟。她看到有个老太太生命垂危，每天身上插满了各种管子才能勉强维持呼吸，但是却继续积极地配合治疗，不由得感慨：这样活着还有什么意义呢？老太太的老伴说：“我的老伴求生意志非常强烈，到了这个时候，不管受多少罪，唯一的愿望就是活着。”网友听说这个故事很受震撼，这才意识到自己怀抱没有质量，不如去死的人生论调，实际上只是因为还没有走到人生的最后一步而已。每一个走到人生末路的人，求生的意念都是很顽强的，他们不愿意随随便便放弃生命，而更想在这个世界上多看一眼，多感受一刻，对亲人也多一分钟陪伴。曾经有心理学家经过研究发现，那些选择自杀的人，在生命终结的最后一刻都曾经有过挣扎，但是却无力改变和终止自杀的行为，最终绝望地死去。求生是人的本能，生命对于每个人而言都是最珍贵的，为此不管什么时刻，除非真的失去了生的机会，千万不要轻易选择死亡。

古人云，身体发肤，受之父母，实际上是告诉我们要爱惜自己的身体和生命。现实生活中，有太多的人都不知道如何面对人生，也不知道如何才能珍惜宝贵的生命时光，因此难免会浪费时间，浑浑噩噩。其实，活着也是有很多状态的，年迈的老人在疾病的折磨下无奈地活着，而作为年轻人，一定要珍惜青春好时光，趁着能跑能动也有时间和精力的时候，要把生命活得精彩且出彩，这样的人生才是值得骄傲的，也是值得回味的。

对于生死，作为普通人的我们很难参透，而只有那些经历过生死的人，才能有所顿悟。在唐山大地震、汶川大地震之后，很多人侥幸活了下来，虽然为了失去亲人而痛不欲生，但是也看开了很多。往后的日子里，他们带着悲痛而活，也活得更加洒脱。他们想明白了不要因为身外之物而纠结，也想明白了不要总是在人生之中斤斤计较，迷失本心。为此，他们更加努力上进，活出更加精彩的人生。在汶川地震中，有个舞蹈老师失去了双腿，还失去了亲人，但是她没有放弃，而是更加努力活得更好。她在熬过了几乎无法承受的悲痛之后，决定要继续坐在轮椅上翩然起舞。

我们应该庆幸自己是个普通人，对于人生没有那么多痛苦的领悟，但是我们也要学习感悟生命的真谛，知道如果人生中的很多事情是人力所不能改变的，那就要坦然接受。也要知道在生命的历程中，什么才是最重要的，什么是可以舍弃的，唯有如此，我们才能从容豁达，对于人生拥有更加正确的态度和观念。

从本质上而言，人生中的很多苦恼其实来自于人们的内心。常言道，心若改变，世界也随之改变。现实告诉我们，一个人只有心怀开阔，才会拥有从容的人生；只有内心强大，才会拥有精彩的人生，这是不可改变的。既然不能选择死去，我们就要精彩地活着，活出人生的气度，活出人生的美好，也活出人生的力量！

积极热情，才有可能获得如愿以偿的生活

生活，是需要热情相对的，在生活中，如果总是怀着抱怨、不满足等消极的态度，只会导致生活更加不如意。因为生活是一面镜子，你对着它笑，它也会对着你笑；你对着它哭，它也会对着你哭。一个人只有积极主动地面对生活，才能在人生之中得到更多的回馈和馈赠，也只有全力以赴经营好生活，才能得到丰厚的回报。我们不应该把宝贵的生命时光用来抱怨，而是应该把所有的热情都投入到生活之中，唯有如此，我们才有可能获得如愿以偿的生活。当然，这个世界并非是唯心主义的，而是唯物主义的，更多的时候，我们必须更加全力以赴奔向生活的美好，才能距离梦想和目的地越来越近。正如人们常说的，努力了未必会有收获，但是不努力则注定没有任何收获。你希望获得怎样的人生呢？是充满尝试和希望的，还是彻底放弃和绝望的？相信明智的人都会选择前者。

现实生活中，很多人都对于自己的人生不满，他们觉得自己可以获得更好的生活，也可以全力以赴经营好人生，最终却发现人生从来不会按照他们所期望的那样去发展，而每个人要想真正主宰命运、驾驭人生，就必须非常努力，绝不懈怠，在人生的道路上一往无前，无所畏惧。生命的时光是非常宝贵的，与其浪费宝贵的时间去抱怨，还不如把时间用在关键时刻，做一些有意义的事情。这样的人生不管将来结果如何，都

会让人无怨无悔。

有人说人生是一场旅程，也有人说人生是一次航程，不管是旅程也好，还是航程也罢，在面对生活的时候，我们都要投入所有的热情，让自己的人生变得更加充满希望，更加圆满。有些年轻人因为生活不如意，就会感慨自己没有马云当爸爸，没有出类拔萃的人生背景，也没有机会成为英雄。常言道，乱世出英雄，实际上这是一个悖论，因为在和平的年代里，有更多的好机会等着我们去大显身手，施展抱负。试问，一个人生活在和平年代尚且怨声载道，难道生活在乱世之中就能成为英雄了吗？反而言之，一个人如果在乱世里可以成为英雄，那么在和平年代他们会更加表现出才华和独特的能力，从而让自己有的放矢向前发展。因此，我们一定要更加拼尽全力努力进取，也要学会从生活中发现契机，尽情展示自己的能力，证明自己的实力，从而让自己有更美好的未来。

热情是面对人生不可或缺的态度，一个人只有足够热情，才能对生活怀着积极主动的态度，才能始终热望着生活。很多人都羡慕别人得到了上天的青睐，总能得到好运气，实际上这样的好运青睐，是他们辛苦努力的结果。如果一个人面对人生总是死气沉沉，在遭遇小小的挫折和磨难之后轻易放弃希望，那么人生一定会变得非常黯淡，也会变得很无奈。记住，生命没有回头路可以走，更不可能重新来过。对于没有彩排的人生大戏，我们必须拼尽全力一步表演到位，这样一来不管是成功还是失败都能无怨无悔，因为我们已经尽了全力，也已经做到了自己的最好。

一天下午，晓明正百无赖聊地在大街上闲逛，看到有一家专门卖帽子的专卖店，便信步走了进去。他想道：已经到了深秋，很快就需要冬天的帽子，如果有合适的就顺便买一顶帽子。才刚刚走进店里，一个年轻的销售员就迎着晓明走过来，对晓明说：“先生，您好，您有什么需要？”晓明漫不经心：“随便看看，想找一顶合适的帽子。”销售员马上满怀热情对晓明说：“先生，您想买帽子，那可是来对地方了。这个城市这么大，我们这家帽子店却是绝无仅有的。我们这里的每一顶帽子都很独特，而且有不同的材质可以供您选择。您可以告诉我您需要怎样的帽子，我一定会为您找到。”销售员眼睛神采奕奕，含着热切的渴盼看着晓明。

晓明本来只是随便看看，如今却被销售员的热情打动，饶有兴致地说：“我想要一顶圆顶的帽子，有窄窄的边沿，而且非常柔软，触感温暖。颜色么，最好是介于深咖和浅咖之间。”销售员对晓明说：“您先自己浏览一下，我马上去给您找。”才过去一分钟，销售员就拿来几顶符合晓明要求的帽子，晓明对其中一顶帽子一见倾心，而且喜欢上另外一款与他的描述截然不同的帽子。最终，他购买了两顶帽子，满意地离开了店铺。

在这个事例中，晓明原本只是走入店铺里随便逛逛，没想到，被销售员的热情打动，最终不但买了自己预期的帽子，还对另外一顶帽子一见钟情。每个人都有自己的人生态度，然而，不管是怎样的人生态度，热情都是不可缺少的。唯有更加热情地面对人生，唯有全力以赴做好自己该做的事情，我们才会更加热爱生命。所谓热切，除了要有热情之外，也需要专注。一个热切的人一定对于自己当下的人生很满足，所以才会全身心投入做好手中的事情，也一定对于自己的人生有与众不同的憧憬和渴望，才会更加努力进取，决不疏忽懈怠。哪怕是做一件小事情。要想做好，也需要热情，这样才能全身心投入，才能努力争取做到最好。

现实生活中，有太多的焦虑和不如意，与其一味地陷入被动的状态之中无法自拔，总是为很多毫无意义的事情苦恼和忧愁，不如调整好心态，全力以赴争取做到最好，这才是当务之急，也才是最重要的。生活不易，且行且珍惜，既然生活已经如此不易，我们就应该更加快乐地在与生活相处，更加全身心地融入生活之中，唯有如此，我们才能在生命之中更加理性面对未来，也才能全力以赴地面对人生，经营好人生。保持生活的热情吧，你最终也会得到生活的热情相对！

拥有主见，别总是被牵着鼻子走

曾经听说过这么一个笑话：一位石油大亨死后来到天堂去参加会议。正当他兴冲冲地跑进会议室时，才发现会场座无虚席，早已没有了他的座位。于是他灵机一动，大喊一声："伙计们，听说了吗？刚才他们在地狱里发现了石油！"话音刚落，刚刚坐着的这些石油大亨们生怕落后一步被别人夺走了利润，个个迅速起身，向地狱里冲去。顿时，天堂就空了下来，石油大亨想坐哪里就坐哪里。没成想，大亨刚想找个椅子坐下来歇歇，就听到外面的人们正在议论地狱里的石油丰富、开采成本小等等话题。这位大亨按捺不住心里的疑问，莫非地狱里真的发现石油了？于是，他也急匆匆地向地狱跑去，天堂里又空无一人了。

这则笑话我们看着很搞笑，但是当自己身处其中的时候，却也未必能够做到毫不动摇。其实，生活中的我们经常会有这样的"从众"心理，总是害怕落后于人，因而还未来得及思考仔细就不管不顾地跟着冲了出去。确实，时代的发展需要我们的快速行动，但我们还是应该要学会考虑这件事情的正确与否，是否适合你的现状，能够给你带来什么，你又正面临着什么样的风险和能力的缺失。毕竟，如果凡事缺乏自己的判断和主见，不能看清自己的状况，总是让别人牵着自己的鼻子走，虽然省了一时的心，结果却只会是损失惨重。

曾经有一个朋友，家里底子还不错，年纪轻轻就出国留学，读了MBA。后来，他毕业回来以后，父母不忍心让他在别人手底下做事看别人眼色，但也担心他会没有实际历练。于是，自己出钱给他创办了一家公司，开了一个酒店。起初，身边的朋友亲戚都过来捧场，再加上刚刚开业的优惠力度，酒店的生意还是蛮好的，日销售额令人非常满意。然而，随着时间的推移，酒店没有更好的营销政策，销售渐渐进入了一个疲乏期，业绩惨淡了许多。这时，有另外的朋友向他出主意："现在是冬天，大家都不太高兴出来旅游，出来玩，你酒店在的这个位置也不算很热闹，我看不如将你的酒店改成火锅店，你看现在火锅城里的生意多好，每天座无虚席。"我这个朋友一听，在理啊，随即就按照这个朋友的意见，将酒店的一楼改造成了一个火锅城。投入了十几万块钱增添了火锅设备等物件。然而，改造结束以后，酒店的生意的确好了一阵，但是并没有持续多久，就又恢复了以前的沉寂。这时，又有其他的朋友为他出主意，现在的竞争这么激烈，很多人都不会自己在家烧饭吃，中式快餐店正在兴起，不如赶紧将酒店改造成主打中式快餐的一个饭店，更能吸引人群。朋友一听感觉说得又很有道理，于是又投入了十几万将酒店改造成了中式快餐店。可是，没过多久，又有其他的朋友提出了不同的意见……就这样，在短短一年时间以内，朋友的酒店改造了三四次，搞的没有人能够知道他这个酒店到底做什么的，即便是真心想帮，也总是心里没谱。

就这样，朋友的店被他折腾来折腾去地一直改造，投进去的本钱总共有四五十万了，但是收入却没见到增长多少。最后，朋友垂头丧气地去向他的父亲求助，父亲在听了他的汇报以后，只问了他一句话："你总说朋友给你的点子不靠谱，那么我想问，你作为这个酒店的总经理，你的主见在哪里呢？"父亲一语中的，一针见血的点出了问题所在，朋友恍然大悟却为时已晚，本来一个说来还可以的酒店就这样被朋友折腾成了一个四不像。

人生中正确的前进方向，既是我们能够获得成功的开始，又可以说是获得成功的保证。古往今来，只要仔细观察一下，你就能够发现：成功的人之所以能够成功，就在于他们都非常的善于把握自己前进的方向。他们通常都有着极强的决策能力，无论他们准备做什么事情似乎都能够成功，原因就在于他们总是将目标看清楚后再开始行动。生活中，我们经常能够听到有人自嘲自己是"穷忙"，整天忙忙碌碌却依旧赚的不多，很是贫穷。究其原因，我想，一个最关键的因素就是，他们整天只知道让自己忙起来，却根本没有注意思考过自己努力的方向是否正确。明明同别人一样花费了很多的时间和精力，结果却是将这些精力都消耗在了偏离方向且不重要的事情上面，白白做了许多的无用功。而更可惜的是，他们通常很羡慕别人的成功，却始终没有反思过自己的失误到底在哪里。

身处在今天这样的互联网时代，各种信息渠道异常发达，我们每天能够接受到的信息也是数不胜数。如果只是一味随波逐流而懒于思考，最终的结局只会是与自己的愿望南辕北辙。明明也付出了自己的时间和精力，却终究没有能够认清自己，因而发展缓慢，甚至毫无进展。究其根本，还是因为缺失自己的主见。有人说，就算是有主见，客观因素却不允许我这样而为之，那这样的主见还有用吗？还需要吗？其实，拥有主见是每一个能够取得成功的人都不可缺少的一个素质。它就像是一位导师，能够为站在人生十字路口的我们在关键时刻指点迷津，指明前进的方向。因此，在遇到“浪潮”扑打的时候，在碰上“风口”引诱的时候，首先还是要学会冷静对待、用心思考、仔细分析、认真抉择。只有我们自己最了解自己的内心，能够清楚自己适合什么，能够坚持做些什么，不是吗？

在取得成功之前，我们总是要经历一段沉默的黑暗时光。这时候，如果随大流的选择放弃，重新走了一条其他的道路。你会发现，到了同样高度的节点，没有努力和拼搏，我们依旧无法突破，仍然没有办法突破自我的这个瓶颈，获得梦寐已久的成功。因此，只有学会忍受，学会接纳并享受这段寂寞、孤独、拼命努力的沉默时光，才能够最终品味到成功的甘甜。要知道，“看得远、忍得住、狠得下”，这是我们想要追求成功都必须拥有的素质。

第09章

曾经追寻过坚持过就够了，累了就悄悄放下

我们生活中的每一个人，从小就被灌输“坚持到底”的思想观念，因此，我们执着于实现不了的人生目标，执着于错误的思维观念，甚至一条道走到黑，丝毫没有意识到宝贵的生活在执拗的思想悄然溜走，其实，人生那么短暂，我们何苦一直为难自己、苦苦追寻呢，既然累了，就放下吧，有时候，放下才能有新的人生，新的开始。

人生，就是时刻要做好舍与弃的准备

我们小时候总是盼着时间过得快一点儿，再快一点儿，因为只有在光阴的飞逝中，我们才能不断地成长，持续地进步。然而，等到光阴荏苒，时光飞逝，又会感慨时光过得实在太快，所以在不知不自觉中就远离了曾经熟悉的人，也忘却了自己的初心，甚至还会迷失了自己。人生，的确是一路舍弃与奔忙，既不能被外界的一切束缚住手脚，不知道如何前进，也不能过于着急地奔跑，导致连自己都丢掉了。

在这个世界上，如果说有什么东西是一定公平的，那就是时间。时间对于每个人而言都不偏不倚，从来不会偏袒任何人，也不会为任何人驻足停留。尤其是在如今的时代里，万事万物都处于飞速发展之中，瞬息万变，让人难以适应，仓皇失措。因而要想活得更从容和自由，我们就要时刻做好准备，这样才能准确地抓住转瞬即逝的机会，也才能不错过人生每一次发展的可能。

一切都变化得太快，前段时间，李咏去世，在他的妻子哈文公布这个消息后，在娱乐圈和民众之中激起了很大的反应。去年，很多人因为李咏一家人奔赴美国，而指责他们移民，现在真相大白，大家又因为李咏的猝然离世而感到悲痛和震惊。

也是在前几天，重庆万州区的22路公交车撞坏护栏沉入江底，全车人都殒命长江，一瞬间，这个悲剧影响到很多家庭，也让民众们感到万分惋惜和伤痛。生命就是这么无常，随时随地的变化和突如其来的变故，让每个人都无暇应对。任何时候，都不要白白地浪费时间，因为时间是组成生命的宝贵材料，也是人生中不可失去的财富。只有在拥有时间的前提下，生命才能正常延续下去，也只有在珍惜时间的前提下，我们才能更加努力进取，勇往直前。任何时候，都不要觉得生命无常，人生中有很多机会都可以改变，最重要的在于我们一定要矢志不渝、坚定不移地奔赴人生的终极目标，持续进取。

没有人能够阻挡时间飞逝的脚步，任何时候，我们都要珍惜时间，才能在成长的终极目标之中不断地努力前进，奋斗进取。当然，在面对时间流逝中失去的一切时，也没有必要懊丧，毕竟时间的脚步不因为任何人而停留，也不因任何人的意志力为转移，只有持续地进取，努力地进步，才能与时间赛跑，才能跑得赢时间。

人生之中，每个人都会面对各种不如意和坎坷挫折，这使得每个人所拥有的昨日都是充满遗憾和彷徨的。最重要的事在于，不要沉浸在时间的场合之中无法自拔，而是要跳脱出时间，也摆脱昨日的憧憬，最大限度激发自身的斗志，让自己变得更加积极主动，奋发向上。坏的情绪就像是人生中一条横亘着的河，很容易把人湮没，只有积极主动的情绪才能激发人的斗志，激发人的潜能和能力，从而让人全力以赴奔向最美好的未来，真正拥有充实而又绚烂精彩的人生。

记住，不管你在生命的昨日中经历了什么，失去了什么，或者是有什么遗憾，你都要全力以赴奔向最美好的明天，也要更加砥砺前行拥有最从容的今天，唯有如此，你的明天才是值得期待的，也才会是更加美好的。

学会放下，放下内心沉重的包袱

生活中的我们总会有成为别人“笑料”的时候，这时，如果面对别人的嘲笑，因为放不下内心的包袱而最终低头弯腰，没有直面的勇气，甚至为了避免以后的被嘲笑而心里戚戚，往后的人生就很难会有一番作为。

人生在世，我们每个人都是独立的个体，都有自己主观的思想和判断标准。因而，即便是同一件事情，不同的人也有可能会产生截然不同的看法。因而，有人不认同甚至是反对你的观点其实是生活的常态，而从未被质疑才是非真实的生活。被质疑的感觉在我们主动尝试一件新鲜事物的时候可能会更加强烈。俗话说，万事开头难，在尝试一件新事物刚刚开始的时候，我们可能会遇到方方面面的阻力，有的来自于不同观点的碰撞，有的来自于不了解的误会，有的来自于不同行业的猜疑……但我想告诉你，这些其实都是很正常的。当遇见这种情况的时候，请不要为此难过，而是要勇敢面对和自信面对，因为过程其实并不重要，最后的结果才是最重要的。

年初的时候，晓畅换了一份新的工作去到了一个新的公司。第一天上班的时候，晓畅就遇到了尴尬。前一天晚上，晓畅的母亲突发重病急急忙忙送进了医院，晓畅一直守在母亲身边照料，直到第二天早上，母亲才由危转安，稍微舒服一点。晓畅没来得及更换临时穿的衣服就急急忙忙去了新公司，于是，刚从医院风尘仆仆赶过去的她，浑身上下都显得土里土气。

新公司里有一个老员工言辞犀利，善于幽默和讥讽别人，在晓畅做自我介绍的时候，抓住晓畅着装的“把柄”，讽刺挖苦了一句：“这位从医院赶来的新同事，衣袋里一定还藏着满满的消毒水吧。”众人听了哄堂大笑，而晓畅却不慌不忙的回答道：“真的，我的口袋里不仅装满了消毒水，而且头发里还藏了许多的针管。我们这种从乡下努力到城市里生活的人，多半都看上去土头土脑的，但我们却不会忘了做人的根本。父母的身体健康是我们做子女的第一追求，不论发生任何事情，陪伴在生病的父母身边都是我们的义务和责任。”晓畅的话语不卑不亢，掷地有声。就这短短几句朴实而又真实的答案，很快就令晓畅的美好品行在办公室内流传开来。领导对晓畅的工作表现也相当满意，短短几年时间，晓畅就获得了升职加薪的机会。

生活中的我们总会遇到很多“莫名其妙”的人与事，我们没有办法控制别人的想法和言论，却可以管理好自己的内心。因此，生活中的我们在面对嘲讽的时候，大可不必将这些嘲讽放在心上，令自己郁闷不堪。发生这种状况时，鼓励自己学会放下，学会放下内心的包袱，带着灿烂的笑容对讽刺挖苦的人说："也许你是对的，但你又能怎么样呢？"而这，应该是讥讽者最不愿意看到的一幕了。当然，如果我们做不到违背自己的本心露出笑脸，那么潇洒地转身而去，做我行我素的自己，也是一个很棒的选择。

面对别人的冷言冷语，我们有权选择自己的态度，更不必要在意别人的看法。因为别人说的未必都是正确的。如果他说的都是正确的，我们不妨改正，让自己不断进步。如果明知他说的都不正确，却还是浪费时间争辩，那不就如同拉低自己的智商同傻子去计较吗？面对相同的境地，选用不同的处理方法就会有不同的收获。选对了应对方法，快乐就会来到我们的身边，而嘲讽就会变成一种毫无意义的聒噪。

职场上，只要有利益的竞争，就有可能会面对很多竞争者的嘲讽。这样的嘲讽必定是别有用心或者是动机不纯，目的绝对不会是真心帮助，而是从背后拆台。这时，如果不能放下内心的包袱，而跟嘲讽者较起真来，就必定中计无疑，而后，无穷无尽的烦恼就会不请自来。因此，面对别人的嘲讽和故意挑衅，实在不必理会。劝自己学会宽容，学会放下，你的"包容"众人自然看在眼里，同时可能还会以同情的眼光和批评的态度来摧毁嘲讽者，让其自讨没趣，甚至惭愧不已。所谓木秀于林，风必摧之；沙堤出岸，水必湍之；行高于人，人必非之。从不会有人会去故意针对一个毫无用处的人，既然会被针对，会被挑衅，一定是你已经足够优秀，优秀到让人嫉妒。因此，学会放下，学会转变心态，学会放下内心的包袱，用宽容和大度看待一切的糟糕情景，为自己的优秀而高兴，为自己的淡然而鼓掌。

冷静下来，别为生活琐事而烦恼

幼年时曾经发生过令我至今印象深刻的一件事情：那时，我家住在一个小村庄里面。家门口有一个小院子，母亲在院子里开辟出一块田地，用来种点小葱小蒜，还有一些时令瓜果蔬菜。有一年，母亲不知道从什么地方得来一株桃树苗。种在了小院边上。村庄里当时只有一个小商店，出去采买一次零食水果都要等到大人们有空结伴去趟十公里以外的街上。因此，年幼的我对于这株还未长大的桃树苗寄予了厚望。于是，每天放学以后，我总要迫不及待地冲入小院查看一下桃树苗的长势，为它长出一片新叶而欢欣不已。然而，一个月的时间很快过去了，桃树苗却没有任何长高长大的迹象。年幼的我内心很是焦急，无数次地期盼桃树苗快快长大，好早日结出美味可口的桃子。母亲告诉我，桃树苗最终长大直到结出桃子至少需要三年的时间，这让当时的我简直难以接受。

母亲让我耐心等待，三年的时间很快就会过去。那时的我哪里能听得进这样的话语呢？一想到还有三年的时间才能吃到美味的桃子，我的内心简直如同热锅上的蚂蚁。于是，当时的我坚定的认为一定是母亲逗我开心，其他的蔬果分明每年都会长。转念，我又想到，桃树苗之所以长的这么慢，肯定是因为其他的蔬果抢了他的营养，桃树苗就如同一个刚刚坠地的小婴儿，还没有长大哪里有力气跟这些成年的蔬果争抢养分呢？我为自己的这一发现欣喜不已，并大胆地做出了一个决定：我要帮桃树苗抢营养！

一个星期天的下午，母亲在家里睡午觉。我便偷偷摸摸起了床，溜到小院里开始我的行动。我拿来一把小铲子，将桃树苗周围的果蔬全部都连根拔起。为了消灭证据还在旁边挖了一个小坑，打算将这些叶子埋进小坑里。很快，小院就被我弄的一片狼藉。不知过了多久，我累得直不起身。母亲却不知何时已经站在了我的身后。看到小院里一地的狼藉，母亲带着怒气地问我正在干什么。我将事情一五一十地告诉了母亲，母亲并不说话，却将我手中的铲子夺了过去，对我说道：“明天你去学校问问你们老师，看看我说的对不对。问问每种果蔬是不是都有自己不同的生长周期。问问桃树苗是不是要长三年才能长大，其他的果蔬只要长一季就能开花结果。”交代完，母亲竟然没有过多地责骂我，只是带我去洗了一把澡。

成年以后，有一次我跟母亲谈起幼年这些“有趣”的过往，好奇地问母亲为何当时没有胖揍我一顿，甚至大声的训斥也没有。母亲却面带微笑地说道：“当时你已经弄成那个样子了，我再打你骂你也没有用啊，况且，我种瓜果蔬菜是为了吃的，没有了就少吃一点就是了。种瓜果，养育你都是为了让我自己开心，可不是为了让自己生气的。”母亲的一番话透露出的生活的智慧令我深深折服。没错，后来的我当然已经知晓是自己错得离谱，错得搞笑。而在往后的时光里，母亲也并没有一直念叨我的这次错误。母亲面对问题时的淡定与智慧让我深深折服。往后的生活中，每当我遇到令自己怒火中烧的事情时，脑海中就会浮现出母亲当日的冷静与智慧，我都会很快地告诉自己：冷静下来，不要因为别人的错误而惩罚自己，折磨自己的情绪。生命的重点在于开心与快乐，而不是具体的每一件事情。

生活中的我们总是会遇到各种各样的琐事，总会有极个别的小事会让我们有丧失理智，冲动得不顾一切。这时，如果任由情绪滋长而不及时告诫自己放下，我们只会更加怒火中烧，伤人伤己。面对生活中的不如意，我们应该要学会了解清楚自己的真正所求，想尽办法抓住生命中最重要的东西，而不是那些具体的细枝末节。

人生最大的敌人其实是我们自己。面对生命中的不美好，一味地耿耿于怀只会让我们自己忧心忡忡，郁郁寡欢。其实，健康与快乐才是我们人生中最重要的事情，了解了这一本质，我们就不会被生活中的琐事带来的烦恼与怒气蒙蔽双眼，傻到自己折磨自己的境地。当琐事太多的时候，学会放下。当心情郁闷的时候，走到乡间的小路上去呼吸新鲜的空气，闻一闻泥土的芳香，看一看优美的景色，告诉自己：世间一切小事，淡然于心就好。

你要掌控自己的人生，首先需要足够努力

谈起人生的理想，曾经有人说最大的理想就是希望自己拥有身心自由，拥有财务自由。财务自由意味着拥有足够用的金钱，在做任何购买决定的时候都毫不犹豫。实际上，财务自由相对于身心的自由而言是更好实现的，毕竟世界上一切能用钱解决的问题都不是最难的问题。对于每个人而言，最大的难题是实现身心的自由。在人生之路上，有几个人能够做到完全随心所欲，游刃有余呢。一个人要想真正主宰自己的命运，掌控自己的人生，就必须努力提升自身的能力。

在现实生活中，很多人都存在一定的误解，看到那些功成名就光鲜亮丽的人，他们总会误以为这些人有着与众不同的背景，或者有着非常强力的支持和后援。然而一些成功者非但没有得到命运的青睐，也不曾拥有不劳而获的资本，而是完全凭借自己的努力白手起家的。他们之所以能够成功，并不是因为他们拥有更多，而是因为他们能够努力为人生付出。哪怕面对

人生的艰难和坎坷，他们也绝不轻易放弃，而是最大限度发挥自身的能力，提升自身的水平，从而战胜困境，超越自我。

这个世界上从没有不劳而获的事情，也没有一蹴而就的成功，任何人要想拥有充实的人生，都要非常努力。哪怕一个人真的是富二代，也不可能完全依靠父母的打拼度过一生。对于每个人而言，只有个人不断奋斗和崛起，才能让人生有截然不同的改变。不知道从何时起，这个时代变得越来越复杂，大多数人的心态都更加浮夸。他们觉得一个人只要有所成就，就一定是得到了某种帮助或者是得到了命运的青睐，实际上，为他人的成功找借口，恰恰是我们走向人生失败的第一步。如果我们能够正视他人的成功，也积极努力地向他人学习，弥补自身的不足，那么我们就能真正获得成功。总而言之，人生从来不是轻而易举就能获得成功的，唯有跨越千山万水，我们才能到达人生的巅峰，也才能自由地选择人生的道路。

中国传统的教育观念就是望子成龙，望女成凤，大多数父母总是教育孩子一定要获得成功，一定要实现人生的目标，一定要完成自己的计划，一定要……其实很多事情你只能做到尽力而为，却不能控制和左右结果。当你明白一切事情并非会同你所想的那样一帆风顺发展下去，你会怎么做呢？只要你真正尽心尽力，即使面对自己人生的目标依然不能企及，也可以问心无愧地说“我努力过”“我已经最接近目标”，即使离去，你也不会觉得遗憾。

人人都在拼命逃避失败，寻求人生的成功。但从某种意义上而言，人生并非只有一条成功的路，正如西方一句谚语所说，条条大路通罗马。对于人生的成功，人们可以通过各种不同的方式取得。此外，每个人对于成功的定义也都是完全不同的，有人觉得成功是赚取更多的钱，有人觉得成功是获取更高的职位，还有人觉得成功就是一生之中平静安然，波澜不惊。不管每个人对于成功的定义是怎样的，只要为了实现人生的目标而不懈努力，就能问心无愧。

要想在人生中坦然离开，还要注意不要让自己过于偏执和固执。人生中的成功绝没有固定的模式，即使对于同一个人来说，人生也会有高低起伏。尤其是在面对结果的时候，如果结果不如意，也不用怅然若失。因为这就是命运的安排。只要你尽力了，一切的结果都是可以接受的。然而，如果你没有尽力，或者你觉得自己还没有做到最好，那么你就会对此感到遗憾。所以对于年轻人而言，最重要的是尽力而为，而不是徒劳陷入遗憾和抱怨之中。

放下身上的担子，你才能轻松上路

人生就像是一场旅行，有人看重最终到达的目的地，有人在乎沿途美妙的风景。所处环境不同，眼界不同，往往决定了你人生中的不同取舍。人生短短几十年，二十年时间年少，二十年时间昏聩，再去掉中间吃饭睡觉的必需花费，真正剩余下来能让我们做事的时间少之又少。面对这有限的时间，我们更应当学会享受生活，活出真正的自我。

学会享受自我、享受生活，学会放松我们紧绷的神经、放慢日益加快的步伐，学会欣赏人生旅途中开得正艳丽的花。人的能力有强弱之分，擅长与否，仔细思量，我们实在没有必要过分地要求自己完成某些事情，也没有必要非得难为自己达到某一个难以达到的高度。物极必反，累极必垮。人生就像是挑着担子往前走，所到之处，只知往上增加需要的却不知道放下不再适合的，总有一天担子会被压坏，你也会被累惨。只有放下身上没用的东西，你才有力量走更远的路。

或许有人会说，不逼一下自己，永远不知道自己有多大的潜能。生活如同逆水行舟，如果不要求自己进步，终会被社会所淘汰，具体就体现在生活得不到保障，工作无法获得更好的成绩。真的如此吗？私以为这样的言论有一定的道理却被过度解读。试问，地球离开了我们真的不会再转了吗？世界离开了我们真的会停滞不前吗？时间的长河离开我们真的会永远冻结吗？答案当然是否定的。凡事适可而止，讲究适度。放下并不等于完全放弃，放下并不等于让你索性偷懒，放下只是让你学会给自己解压，学会放下不重要的，认清自己最需要的，用有限的时间与精力谱写属于你自己的绚丽人生。

小张自小勤奋努力，在10年内通过自己的努力从一名小小的员工变成了知名的企业家。然而自己做了老板之后却发现工作量越来越多了。日益增多的工作量常常令他疲惫不堪，而他又不放心将工作交给助理来做。未完成的工作越积越多，令他烦闷不已，心情一差，工作效率更加低下，形成恶性循环。

万般无奈之下，他来到一个医师家中寻求帮助。医师听完他的描述，什么也没有说，只是开车将他带到城南的墓地。“你带我来这里干什么？我回去还有那么多工作要等着我做呢。”小张焦急问道。医师并没有说话，只是让他静静地站在墓地跟前思考。一个小时之后，医师问小张：“你看到了什么？”小张不假思索的回答：“除了墓碑什么都没有呀。”“没错”，医师回答，“你自己看，埋在这里的他们曾经跟你一样，有知名的企业家，也有公司的老总，他们生前跟你一样忙碌，为了家人，为了公司，为了自己的责任。现在他们过世了，静静地躺在这里，他们的家人还是一样地生活，公司也正常运转。他们在与不在，难道不一样吗？生老病死，本就是人生常态。如此超负荷的辛劳到底是为了什么呢？何不放下不该属于你的包袱，好好享受生活呢？”

小张若有所思，恍然大悟。回到公司，将手下的工作分门别类，交给下面的各自部门，最终惊喜地发现，助理虽然年轻，有时缺乏实践经验，但是年轻人思维活跃，反而让他得知不少新鲜资讯。之后，他发现，公司不光没有倒退，反而因为员工的团结更加出色了。

小张的例子在现实生活中非常常见。很多管理者或是出于不放心，或是出于不信任，常常不愿意将自己手中的工作假手于人，最终自己苦不堪言，员工也觉得自己无用武之地，委屈异常。我们常说，要活在当下，活好当下。那么到底如何才能活好当下呢？私以为量力而行很重要，清楚知道自己能够承受多少，放下不必要的行囊，才能更好地调整自己，时刻让自己处于最好的状态，人生才能轻松前行。

我们的心很小，很多东西都只能二选一。你认为开心比较重要，苦难就常驻不了。正确看待自己，别把自己当超人，即便真的是超人，也没有精力拯救全世界，何况是身为普通人的我们？人生路上，想要让自己一直精力充沛，首先就得学会适时休息。在休息时整理行囊，放下没用的，再增添将来需要的，让行囊不要超重，你才能不累得那么快，你才能走得更远。

人心有欲望，便会有不安

我们都生活在一个从来只会被教坚持而从不被教放弃的世界，往往等到自己有所经历之后，才会懂得我们应该要舍弃那些让我们不安的东西。

刘果是一个特别自律并且可以坚持的人，她曾经立志要减肥15斤，两个月的时间里她就真的做到了。

最近，刘果为了升职，也为了更好的拓宽职业道路，给自己报了一个英语培训班并立志要在半年内看懂没有字幕的英文电影，一年内考过雅思7分。

或许是没有掌握到相对应的方法，又或者是天生语言天赋的欠缺，半年的时间过去了，刘果连一句完整的英文都说不利索，更别谈看懂没有字幕的英文电影和考过雅思了。渐渐地，刘果失去了学习的兴趣，学习开始变得不专心。但每每这个时候，她努力上进的天性又告诉她一定要坚持，坚持就是胜利。于是她又坚持了下来，直到心力交瘁，生活和工作变得一团糟。

刘果一直很疑惑：我的坚持到底是对还是错？

《放弃的艺术》里面有这么一句话：当目标无法实现时，当生活进入死胡同时，当生活中的意外给你出了难题时，放弃就会是一种有益的适应性反应。所以，我们应当要学会舍弃那些不适合的、让我们不安的东西。“不安的东西”范围很广却定义很窄。它随人而有所不同却又有两个共同点：“不再适合你”“引起你内心想要极力隐藏的恐惧与担忧”。

蔡康永的《说话之道》里有这么一段：15岁觉得游泳很难，放弃了游泳，到了18岁你遇到一个很喜欢的人约你一起去游泳，你只好说：“我不会耶。”18岁觉得英文难，放弃英文，28岁出现一个很棒但要会英文的工作，你只好说：“我不会耶。”蔡康永说：“人生就是这样，前期越嫌麻烦，越懒得学，后来就越可能错过让你动心的人和事，错过新风景。”我说：“人生就是这样，每个年龄段都有自己适合并应当努力追求的事情，过了这个时间点，就犹如错过美味面包刚刚出炉的那一刻，等凉透了你才想要去吃，松软已经不在，只剩一嘴干瘪。那就不如及时舍弃，小粥此刻的味道正当美妙。”

人心，只要有欲望，便会有不安。舍弃往往需要勇气，舍弃不安更加需要，因为不安的来源是“未知”，而“未知”往往比“已知”更加让人忧虑。

著名节目主持人杨澜曾经选择在事业上升期的时候出国留学，后来她在一次访谈节目中谈到自己做出这个决定的原因。

有一年的春节晚会，原本共有六名节目主持人。一遍遍彩排之后，除夕当晚准备正式直播的时候，有一位主持的大姐，导演组突然决定不用了，但并没有人去通知她。当晚，当大姐兴冲冲拿着礼服来到化妆间的时候，化妆师告诉大姐名单上并没有她的名字，最后那位大姐黯然神伤地回去了。杨澜说这件事情对她触动很大，让她开始不安，因为通过这个主持大姐的遭遇，她似乎看到了自己的未来。她开始感觉不安，开始感觉世事无常，经历了好几个不眠之夜，她选择舍弃掉这份让她不安的工作。

当时的她正处在事业上升期，主持的节目深受观众喜爱，不久前还获得了中国第一届主持人“金话筒奖”，选择舍弃并不是一件轻松的事情，不光前途未卜，还要面对来自亲朋好友的质问。所有人都反对她的决定，但是她还是毅然辞去了央视的主持工作，选择去美国哥伦比亚大学国际及公共事务学院攻读国际事务硕士学位。

三年后，杨澜留学归来加盟了香港凤凰卫视中文台，自己担任制片人和主持人，开创了名人访谈类节目《杨澜工作室》。节目的大获成功以及杨澜事后获得的成就都证明了杨澜当初的舍弃是值得的。

事实证明，正是杨澜勇敢果决的舍弃了央视这份引发她内心不安的工作，重新寻找新的成长方向，她才有时间去苦练内功，才能获得更大的成功。

所以说，舍弃让你不安的东西并不是让你彻底放弃，而是让你思索不安的真正根源，重新调整成长的方向，为下一次的进步积蓄更多的力量。

第10章

任时光流逝也要做好自己，拥有独属于自己的风景

日常生活中，一些人希望自己能成为他人眼中完美的人，于是，他们总要跟自己过不去，所以整天郁闷不乐。而快乐的人之所以快乐，就是因为他们能正确地认识自己，从而摆正自己的心态，他们懂得享受生活，懂得把握当下。事实上，如果我们每天做自己喜欢的事情，不在乎表面上的虚荣，凡事淡然，不苛求，那么，快乐、幸福就会常伴我们左右。

守护自己的内心，坚定不移地做好自己

在这个世界上，如果说一定有什么东西对于每个人都是绝对公平的，那就是时间。时间总是滴滴答答不断地向前流淌，从来不因任何人而停留。看起来，时间一分一秒地过去，似乎走得很慢，实际上人生短暂得如同白驹过隙，总是会在不知不觉间就偷偷溜走，使得我们在生命的历程中无形地成为时间的追赶者，不知道如何去做才能更好地把握和掌控人生。

朱自清曾经写过一篇散文，名为《匆匆》。在这篇散文里，朱自清表达了对于时光流淌的忧愁和焦虑。实际上，每个人都面临这样的情况，因为如果不能把握住生命的时光，那么就会导致生命的极大浪费。不可否认，时光的流逝是让人内心非常惶恐的，只有不断地努力崛起，坚持奋斗，我们在人生之中才会有更多的收获和成就，也才会获得更好的成长和美好的未来。当被时光催促着不断向前的时候，不要紧张焦虑，既要珍惜时间，也要坚定不移地做好自己，守护自己的内心。

现代社会发展速度非常快，很多人都觉得时光匆匆，做好自己很难。所谓岁月催人老，似乎很多事情再不做，就错过了好时机。殊不知，所谓的好时机完全是因人而异，对于

别人而言的好时机，对于你而言未必就是好时机。因此，我们固然要作为社会中人群的一员去生活，也要努力笃定地坚守自己的内心，这样才能更加从容做好该做的事情。尤其是在很多事情上，不要人云亦云，更不要盲目随大流，否则虽然符合了别人对于生命的预期，自己却会陷入困顿之中无法自拔。

作为一个不折不扣的大龄剩女，亚娟每次回家的时候都会遭遇父母和亲戚朋友的逼婚，远远没有在外面生活来得自在清净，因此她最发愁的事情就是回家过年。这不，亚娟才回到家里，大姨妈又来给亚娟提亲。对方是当地的公务员，亚娟当然看不上眼，虽然公务员对于很多家长而言都是找对象的不二之选，但是亚娟有更高的理想和志向，也不想婚姻就此把自己束缚在家里。因此，亚娟委婉拒绝了大姨的好意，不想大姨居然生气起来："你这个丫头都已经成为老姑娘了还不着急，将来可怎么办呢？"

后来，大姨又发动其他亲戚来劝说亚娟赶紧找对象，气得亚娟一个劲地懊悔自己回家过年的时候怎么没租个男朋友呢！一年又一年，亚娟还是没有扛住来自四面八方的压力，找了个条件相当的中年男性就匆匆忙忙地结婚了。然而，因为婚前相互了解太少，婚后才没过几个月，亚娟就发现自己与对方完全合不来，在痛苦地纠结半年的时间之后，他们选择好合好散，和平离婚。亚娟很后悔当初没有坚持自己的想法等到合适的人，而是如此匆忙草率地就决定了终身大事。让她感到惊讶的是，那些曾经火急火燎催着她结婚的亲戚朋友们，看到他如今变成单身状态，反而在她面前绝口不提与结婚有关的事情，让亚娟不由得哑然失笑。

在这个事例中，亚娟对于爱情原本是有自己的理想和坚持的，但是因为身边的人总是催促亚娟解决终身大事，导致亚娟不堪其扰，被催着催着心中失去了淡定从容，因而一头扎入婚姻之中，最终却又因为婚姻不幸福而恢复到单身状态。的确，每个人都生活在人群之中，都难以避免要受到身边很多人的影响和关注。因此，当身边的人说出流言蜚语或者是风言风语的时候，很少有人能够做到完全笃定，丝毫不受影响。但是，尽管我们要照顾身边人的想法努力地做好自己，却也不要过分焦虑，而是应该全力以赴做好自己该做的事情，也坚持自己的原则和底线，这样才能在有朝一日需要做出慎重的决定并承担后果的时候，无怨无悔。

对于自由，每个人都有不同的理解。有人渴望绝对的自由，不想受到任何法律和道德的约束，有人渴望经济上的自由，为此对于金钱总是无限度追求。而实际上，真正的自由是相对的，是在法律和道德约束内的自由。在适度的范围内，我们还要坚持做自己，而不要因为别人随意的评价就改变自己做人做事的原则。

信守原则，你无须讨好任何人

在现代社会中，人脉资源被提升到前所未有的高度，很多人都误以为只要有人脉资源，只要有贵人相识与相助，就可以在人生之中获得更好的成长和发展。我们不可否认人脉资源的确是非常重要的资源，也是现代社会人们想要获得成功必须具备的条件，但是人脉资源从来不是成功的唯一要素与条件，要想成功，最重要的是提升自己。正如人们常说的，没有那个金刚钻，就不要揽那个瓷器活。试想一下，一个人如果只会拍马溜须，即使得到了贵人的赏识，但是却在真正去做事情的时候没有做好，这样岂不是更加糟糕吗？

只有在自身强大的基础上，我们才能把很多事情做得更好。偏偏有很多人都本末倒置了，他们在前进的道路上，一门心思想要结识贵人，一心一意想要讨好贵人，最终却把费尽心思得来的展示机会白白浪费掉，甚至连自己都对自己失望。除了这样处心积虑想要结识贵人的人之外，还有一类人也很善于讨好别人，当然他们的目的不是为了往上爬，而是为了得到别人的称赞和赞许。这样的人，就是我们常说的老好人。他们总是不能坚持自己的原则，不管做什么事情都很放纵，也很没有底线。在这样的状态下，他们难免会陷入被动之中，也会因此而对于人生感到迷惘和困惑。

作为单位里的新人，妮妮每次对同事们的要求或者请求都是有求必应。一开始，她是觉得自己作为后来者，应该主动承担更多的工作，这样才能得到大家的提点。后来，看到做好事情之后总能得到大家的感谢，妮妮就真的很愿意把每一件事情都做好。但是，随着为大家做的事情越来越多，妮妮自己日渐增多的工作任务却无法按时完成，也为此好几次被上司批评。同事们呢？从一开始得到妮妮的帮忙真心感谢妮妮，到现在再找妮妮帮忙就觉得理所当然，甚至连问妮妮有没有时间、是否方便的步骤都省略了。有一天，妮妮因为帮一个同事做表格出现错误，被上司狠狠批评。妮妮辩解："这原本不是我的工作，我是帮王姐做的。"上司却恶狠狠地说："我不管你是帮谁做的，反正表格是你做的，就需要你来负责任！"妮妮委屈得泪水在眼眶里直打转，接受她帮助的同事却在一边一声不吭。妮妮认真地想过之后，开始拒绝同事们的求助，拒绝那些在下班的时候随意把各种工作扔到她面前的人。结果，那些不曾真心感谢过妮妮的人，居然开始生妮妮的气。妮妮很清楚，自己必须把该做的事情做好，才能在工作中有更美好的姿态。

因为去帮助他人，反而耽误了自己的工作，的确是得不偿失的。这句话的意思不是说我们要对于同事的求助完全不放在心上，而是说我们要帮助那些的确需要帮助的同事，而不要总是对于同事漫不经心的请求就非常投入，导致不能把分内之事做好。

热心帮助别人的同时，我们还要把握人与人之间的距离。面对他人的频繁求助，我们要学会拒绝。在想要主动帮助他人的时候，我们更是要保持限度，而不要好心不成，反而引起他人的反感。做人，既不要把自己看得太重，也不要把自己看得太轻。如果总是这样轻飘飘地帮助别人，则无形中自己的分量就会变轻，这当然是不好的。当你把握好力度，对人既不冷漠，也不过度热情，你就可以处理好与他人之间的关系，也能让自己的人生有更好的发展。

拥有自己的风景，无须羡慕别人的成功

在九寨沟的美景没有因为地震而毁之一旦之前，相信有很多朋友都曾经梦想着去九寨沟看那碧蓝的水和金灿灿的黄叶，也想看那倒映在水中的天空在水中绽放。然而，谁也不知道地震就这样突如其来，把无数人心中憧憬的美景毁于一旦。这一切都告诉我们，看景要趁早，而不要等到灾难来临之后再去懊丧自己没有抓住机会。人生有很多的未来值得我们去憧憬，只有不断地努力向前，我们才能把事情做在前面，尽早完成对于人生的憧憬和希望。否则，等到人生陷入被动的境遇之中，我们对于人生的主动权也就会越来越小。

现实生活中，很多人都羡慕别人的成功，那是因为他们只看到别人在成功之后获得的光鲜亮丽，而不知道别人在成功之前曾经付出了多少辛苦和努力，也不曾知道别人在光环加身

之前熬过了多么艰难的黯淡时光。退一步而言，每个人都是这个世界上特立独行的生命个体，都会有独属于自己的人生和成功。既然如此，哪怕你很羡慕别人，也不要盲目地去模仿别人，而是要活出独属于自己的精彩，也要活出独属于自己的未来。任何时候，都不要盲目地羡慕他人，而是要意识到自己是这个世界上特立独行的生命个体，是需要不断地努力和进取，才能够获得成功的，也是会绽放出自己独特的光芒和未来的。为此，任何时候，我们都不要盲目羡慕他人，而是要坚持自己的内心，不忘自己的初心，这样才能更加坚定执着，勇往直前。

有人说，在熟悉的地方没有风景，这是因为人们已经对于自己熟悉的一切看得习惯了，也就缺乏了欣赏的眼光。实际上，这并不是因为风景不美，而是因为人们产生了审美疲劳。很多人总是羡慕别人的成功，而对于自己的优秀和美好却不看在眼睛里。实际上，对于每个人而言，学会欣赏自己，是很重要的。要想让人生拥有更加美好的成就和未来，我们就要相信风景这边独好，这样才能振奋对于人生的信心，也才能在成长的过程中不断地努力和崛起，最终让人生的风景变得更加美丽和从容。

在这个世界上，没有任何人的人生会是一帆风顺的。每个人都会经历人生的沧桑，体会到人生的艰难和辛苦。面对人生的挫折，如果我们选择抱怨的态度，那么难免会被挫折打垮，陷入人生的困境。只有怀着积极的态度勇敢地面对，越挫越勇，越是在生活艰难的时刻越是全力以赴面对挫折，战胜挫折，才能活出人生的精彩与充实。

人生没有诀窍，对于每个人而言，要想获得幸福的人生，就要怀着宁静充实的心态面对人生。否则，如果一个人对于人生总是抱怨，感受到的都是负面的能量，那么即使有美景也会是被阴霾笼罩，即使有未来，也会是黯淡无光的。有人说，心若改变，世界也随着改变。面对人生的不如意，我们一定要满怀积极的心态和正向的能量。总而言之，人生没有绝境，真正的沮丧绝望来自于我们的内心。我们一定要更加坚定不移，在人生的道路上勇往直前，才能活出独属于自己的精彩人生，才能拥有独属于自己的人生美景。

不必羡慕他人的位置，只需演好自己的角色

知乎上有一个具有很高热度的议题：假如中了大乐透，你想干什么？帖子的下方有很多的留言，我仔细查看了一下，大概分为三派：一派是已经成年，或许正在上班有一定经济来源的社会人士，常见的表述就是自嘲自己的人生从来没有过任何中大奖的经历，所获得的一切成功都是依靠自己勤劳的双手和高超的能力，他们一边对留言中表示真的有过中大奖经历的人们表示羡慕，一边通过嘲讽真实的中奖者最终的生活还不如现

在的自己而获得安慰。另一派目测应该是正在上高中或大学的学生党，他们往往还没有任何的收入来源，只能在留言中一边畅想中大奖之后的爽快和兴奋，一边安慰自己“说不定还有机会，毕竟未来是谁也说不准的。”总结而言，中奖之后的举动无非是在满足自我物质需求的基础之上，拿出部分资金或是追求自我的人生梦想，或是用于做慈善。而最后一派就是真的有过中奖经历的人们，这其中也可以大概分为两种，一种是中了大奖之后的理性派，在兴奋了几天以后很快就妥善利用好了这笔资金，帮助自己过上了理想的生活。而另一种可以概括为别人口中的因为中大奖而惨遭更大失败的那些人，总结而言，那些人虽然足够幸运中了大奖，却因为管不住自己的欲望而让自己陷入了更深的漩涡，最终一落千丈，无法翻身。这些人基本都有一个共同点，就是缺乏自我管理的能力，因为中了一次大奖而对自己的人生充满了更多的侥幸心理，并最终让自己陷入更深的资金陷阱之中。

人生的精彩往往就在于它的不可预测性，不到生命的最后一刻，你永远都不知道自己的人生会有什么样的走向和结局。这是人生之所以迷人也磨人的原因，也是我们应该学会谨慎的原因。确实，我们的身边不乏因为各种突然而至的幸运而最终获得成功的人们，因为成功的人生确实需要机遇，机遇可能让贫穷的人突然获得大笔的财富，也可能让一个微不足道的人一步登天。但是，所谓的机遇其实都是可遇而不可求的，假如我们的人生一直没有机遇的来临，我们就只能坐以待毙吗？再者，很多机遇刚刚出现的时候，如果你没有做好充分的准备积极把握，其实你是不知道的。命运明明已经给了你我一样平等的机遇，但是却因为你我不同的性格能力而造成了贫富的悬殊。既如此，我们又怎能一味抱怨命运的不公和社会的不平呢？

其实，机遇对我们每个人来说都是平等的。只不过能够管住自己的人最终抓住了它，而急于求成，缺乏自我管理能力的人最终与它们擦肩而过了。人生的精彩在于它的不可确定，更在于它的绝对公平。不到最后一刻，只要你不放弃，耐心等待，你就一定能获得命运的青睐。而在这过程当中，最应该摒弃的就是我们的侥幸心理，最应该学会掌握的就是管住自己的能力。在生活这个大舞台上，其实处处都有精彩。很多时候，我们会对别人的人生充满羡慕，但其实我们都是在人生的不同阶段里，苦苦地坚持并煎熬着。请你记住：没有人天生幸运。即使是那些天赋异禀的人，也会有力不从心的时刻，也会在遇到困难的某些时候承受各种压力。而他们最终之所以能够抵达终点，不是因为命运的格外照顾，而是他们能够管住自己的内心，管住侥幸的心理，让自己能够在来自四面八方的质疑声中埋头挺进，哪怕这些困难让他们流尽了眼泪，他们也会心怀希望，一边流泪，一边咬牙，一步一个脚印地向前走去。在他们的心里，人生从来都不是依靠侥幸、依靠别人、依靠外界的支持，而是依靠自己，依靠自己坚定的意志和抵抗侥幸的决心。

因此，处在自我的人生之中，我们不必羡慕他人的位置，只需演好自己的角色。即便没有蓝天的深邃，也可以有白云的飘逸；即便没有大海的壮阔，也可以有小溪的优雅。只要摒弃侥幸，选择脚踏实地，怀揣希望，逐梦前行，我们就是自己的人生主角。脚踏实地努力的意义，并不在于一定会让我们取得多大的成就，而是在于让我们在平凡的日子里，与自我的生活少一点妥协。摒弃侥幸，选择脚踏实地，多努力一点，或许就会让我们有更多的力气去保护自己喜欢的东西，去追求真实的梦想，去与心仪的美好事物更加靠近，而更重要的，就是让我们在时光的流逝中逐渐成为更好的自己。

无关其他，只是为了成为更好的自己。

享受孤独，在独处中沉淀自己

孤独，不知从什么时候开始，似乎变成了一个中性词。小时候，没有人愿意承认自己是孤独的，因为孤独意味着自己的不合群和没有朋友。所以，即便是上个厕所，我们都喜欢结伴而行。长大以后，尽管并不愿意，我们却少不了要经历很多自我独处的时光。但是渐渐地，我们不再畏惧孤独，甚至开始学会享受孤独，享受生活。

在结婚以前，我曾经独自在外地工作过两年，这期间一直都是一个人住在外面。有一段时间，我很受不了这种状态。经常在单位自愿加班到很晚，因为我宁愿将所有的时间都花在有人陪伴的工作上，也不想回去孤独地面对冷锅冷灶。休息天在家实在没有办法的时候，我会将自己平板电视的音量开大，即便是上厕所，吃饭的时候也不愿意将它关了，只是为了不孤独。因此，剧荒而又休息在家的时候是我最难过的时候。或许有人会说，为什么不出去跟朋友一起玩呢？为什么不约上三五好友一起出去聚会呢？为什么不去参加一点培训班提升自己呢？答案只有一个：因为孤独。

因为孤独并不等同于落单。孤独最可怕的力量并不是让你感到无聊与孤单，而是长时间的孤寂之下让你变得不再是自己，让你越来越懒于做一切费劲的事情，直至最终沉沦。

有一天，有一个许久未见的朋友突然对我说："我觉得你变了，你变得……我一时想不出准确的形容词，清高？孤独？距离？对，应该是有距离了，你变得，跟以前相比，给人有距离感了。"朋友最终说道。我认可地笑笑，因为即便她当着我的面说出了这一番话，我依旧只有淡淡的感觉。朋友不死心地追问我，为什么？我想了想告诉她："性格变了吧。"朋友一下子乐了："怎么可能呢？人这一辈子最不会变的就是性格。其实你还是跟以前一样和善，只是越来越喜欢独来独往了。"

独来独往？我顺着朋友的思路回忆了一下自己的日常。好像确实如此，我平时不喜欢和人有冲突，总是会尽量避免不必要的争执。下海经商的这两年，即便竞争对手故意出言挑衅，我也总是秉承着和气生财，以和为贵的处世之道尽量克制自己。所以要说独来独往，大概只是因为我总是有太多的事情要做，我有看不完的书和电影，有很多生意上的往来和大量的社交活动需要我去参加。所以对待一些不相干的人，实在是没有必要也没有精力去和他们闲扯。

人生总是越长大越孤单，因为随着年龄的增长，我们经历的东西也越来越多。而我们也会慢慢地清楚，哪些人值得我们花时间去交往，而哪些人只能是泛泛之交。就像前段时间曾经流行的一个解释：我只是变得只对一部分人温柔，剩下的看心情。越长大越独立，越独立便越会懂得：人生交往的前提早已从拒绝孤单变成了开心和舒服。很多时候，我们越来越喜欢独来独往，只是因为世界太大，人太多，交往越久，我们或多或少都会感到一些疲累。毕竟我们每个人的人生其实是不一样的，我们前进的步调，其实也是不一样的。

生活中的我们总会有过这样的情况：一起上学的时候，在宿舍里吼上一嗓子："谁要吃饭？"然后总是很快的，我们就会收到回复："我，等我一下。"然后二十分钟过去了，我们总算出了门一起去吃饭。即使那时，其实我们早已经饿过了头。就像有人曾经说过的："如果把那些等人的时间都用起来，我不知道能做多少事情了。"或许，这样的言论未免太过于冷漠，但却说出了我们每人步调不同的现实而已。人生苦短，时间有限，而我们总是需要有充足的独处时间才能够来平复与人交往后的疲倦，以及恢复与人交往后耗费的精力。当你拿着这些时间去做你真正自己想做的事情之时，当你学会利用这些时间来调整自己的步调来确定是否需要预留更多的时间给当下的你，便是你开始明白人生的时候。

因此，珍惜你的独处时光。当你有机会独自相处的时候，不要惊慌，更不要自卑，这并不代表你的失败与不合群。相反，这有可能是我们人生路上发生质变的一个契机与突破口。将这段难得的与自己相处的时间用于沉淀自己，用于观察自己，用于反思自己的真正梦想所在，未来的你一定会感谢曾经的这段时光。因为正是这段时光，才让我们变成了一个更棒的自己。人生社交的原因，是因为社交能够给我们带来幸福感。而社交的幸福感是来自于社交的质量而非数量；是来自于沟通的深度，而不是沟通的频率；是来自于思想的共鸣，而不是所谓的热闹。

因此，享受独处的时光吧，将更多的时间与精力用于提升自己，用于一切能给自己带来积极正能量的事情上。当别人对你有所质疑的时候，请告诉他们：我并不在乎你们的眼光，并且，我并不是独来独往，我只是更加注重朋友圈的质量而已。

第11章

选择好你要走的路，然后把时光铺陈在上面

有人说，人生的精彩源于志向的精彩，目标的高度将决定成就的高度，而一个人若是没有方向，那么必定内心恐慌，在徘徊中挣扎，最终逃不过平庸的人生。因为无头苍蝇找不到方向，才会处处碰壁；一个人找不到出路，才会迷茫、恐惧。所以，首先找到前进的方向比努力自身更重要。其实，我们每个人都应该是自己命运的设计师。人生的道路该如何去走，向着什么方向去走，最终要达到什么样的目标……只有弄清这些问题，我们才能逐步将时光铺陈在上面，才能一步一个脚印，才能有一番作为。

努力抓住时光，争分夺秒地生活

有很多年轻人都以年轻为资本，肆意挥霍宝贵的青春时光，总是说自己还年轻，即使犯了错误也有机会去改正，即使在人生中走了弯路，也可以再重新走过这一段路，或者在后来的行程中珍惜时间，迎头赶上。然而，不努力，不奋斗，你要青春做什么？青春从来不是肆意挥霍和浪费时间的资本，而是每个人都要努力面对人生，做好一切该做的事情的机会。如果说这个世界上一定有什么东西对于每个人都是绝对公平的，那就是时光。细心的朋友们会发现，时光缓缓地流淌，不因为任何人而加快速度，也不因为任何人而驻足。正是在这样的过程中，每个人都在变得衰老，人生也终将一去不返。青春的时光是最为宝贵的，在生命的历程中总是转瞬即逝，每一个明智的人都应该努力地抓住时光，争分夺秒地去生活。唯有如此，他们才能全力以赴做好自己该做的事情，也才能在人生到达暮年的时候无怨无悔，没有遗憾。

古人云，少壮不努力，老大徒伤悲。这就告诉我们，年轻的时光就是应该用来努力拼搏和奋斗的。如果不能做到在年轻的时候非常努力，那么随着不断成长，青春的时光越来越少，等到了年老的时候，人生就会陷入困顿之中。记得有个谜语：

“什么东西早晨四条腿，中午两条腿，晚上三条腿。”这个谜语的谜底很简单，就是人。从腿的数量上来看，我们就可以很形象地想到人在一生之中的经历，那么明智的人就会知道，只有两条腿的青春年华才是人生中精力旺盛的时刻。既然如此，为何不能全力以赴经营好青春，也利用青春的好时光给人生奠定坚实的基础呢？否则，如果年轻的时候从来不努力，那么到了人生暮年，人生就会陷入各种困顿之中。而等到暮年，人的时间和精力都越来越少，为此哪怕想要努力，只怕再也没有青春时光中那么旺盛的精力。

看到这里，相信聪明的年轻人一定会想清楚一个道理，那就是要趁着青春时光去努力，这样才能在年老的时候为自己奠定良好的基础，也让自己的人生拥有更多的美好未来和希望。乍一看起来，人生似乎是非常漫长的，实际上人生中真正可以用来做事情的时光很少，而能够用来做那些重要事情的时光更是少之又少。任何时候，都不要在人生中荒废，也不要在人生中感到迷惘。只有全力以赴做好自己该做的事情，只有坚定不移经营好人生，我们才能在成长的道路上不断地崛起，也才能在人生的历程中坚定不移地把握自己，成就自己。

很久以前，有个旅行者独自旅行，走过了很多的地方，见识到很多的风景。然而，在来到一个深山之中的偏僻村落时，他在村头的树林里发现了奇怪的现象。原来这个树林里有很多矗立着的石块，而在石块上则镌刻着不同的时间。大多数时间都非常短暂，通常只有几年的时间，最长的也就十年出头。旅者很奇怪，为何这些人这么快就死去了呢？看起来，他们都还只是孩子啊。旅者忍不住潸然泪下，这个时候，有一位老人来到旅者的身边，对旅者说："你为什么哭呢？"旅者说："这些孩子都死去了，到底是为什么呢？"老人很纳闷："他们不是在孩子时期就死去的。"旅者说："但是，他们只有几岁，最大的也不过十几岁。他们都是孩子啊！"老人忍不住笑起来，指着一块石头对旅者说："这块石碑上雕刻着的虽然是11年4个月，但是这个石碑的主人活到了八十三岁。"

听到老人这么说，旅者更奇怪了："那么，为何雕刻这个时间呢？"老人说："我们这里的人都是按有效率的人生时间计算的，那就是他们有多少时间做重要的事情，有多少时间做伟大的事情。"听了老人的解释，旅者恍然大悟：原来，人生百年，真正具有重要意义的人生时光也就不过十几年的时光！

的确，对于每个人来说，人生中有很多的事情都是非常重要的，但是也有大量的事情是没有那么重要的。如何能够提升生命的质量，让自己的人生更加沉甸甸的有分量，这对于每个人而言都是值得深思的事情。时光总是流淌的，不因为任何人而驻足，在时间的流淌中，我们必须坚定不移地面对自己的心，也要从容不迫地成就自己，唯有如此，才能在人生的道路上不断地向前，向上，也收获人生的充实与美好。

在心理学领域，有一个大名鼎鼎的定律，叫"不值得定律”。原来，有心理学家针对人们的工作表现进行研究，发现当人们觉得一项工作很重要，就会对于这项工作非常认真重视，在从事工作的过程中也会加倍努力和认真。反之，如果人们觉得一项工作不重要，那么就难免会对这项工作很忽视，也会在从事工作的过程中敷衍了事，根本不会做到全力以赴。这是因为人们很容易受到潜意识的影响，觉得对于不值得的事情，根本不值得去努力做好，为此他们才会非常懈怠，漫不经心。然而，即便是三心二意地去做，人们还是要在做事情的过程中消耗大量的时间和精力。由此可见，当人生中总是要处理这些“不值得”的事情，生命的宝贵时光就会浪费。要想改变这样的状态，最重要的就是改变心态，把不值得的事情变成值得的事情，这样才能由此让自己变得更加认真慎重，也可以把该做的事情都做得更好。

当然，对于一件事情是否值得，每个人都有不同的标准。例如，很多职场女强人认为把宝贵的时间浪费在做家务事上是不值得的，而有些以家庭为重的女性则会花费好几个小时的时间给孩子做造型可爱的点心、美味可口的饭菜，她们觉得能让孩子吃得健康营养且开心，是非常值得的。所以我们要坚定自己的心，坚持自己对于人生的态度，这样才能坚持本心，做好自己该做的事情。还有一点需要注意的是，每个人都会有很多的欲望，那么就要合理控制自己的欲望，也要懂得做好人生的加减题。毕竟作为一个人，没有足够的时间和精力去面对和做好所有的事情，那么就要做好取舍，把时间用在刀刃上，把时间浪费在那些最值得的事情上。这样一来，时光才能在生命中绽放光彩，人生才能变得熠熠闪光。

端正对金钱的态度，别在金钱的奴役下生活

不可否认，要想在现代社会中获得更好的生存，提升生活的质量，金钱的确是必不可少的。然而，人生之中，金钱难道是唯一重要的吗？当然不是。金钱固然重要。除了金钱之外，现实生活中还有很多值得我们珍惜的，我们必须要端正对于金钱的态度，避免自己成为金钱的奴隶，总是在金钱的奴役下生活，也总是坠入金钱的无底深渊之中无法自拔。

如今，有很多年轻人都为买房子而发愁。尤其是在大城市里，房子的确太贵了，往往要穷尽好几代人的力量，才能勉强付一个首付。然而，金钱能够买来房子，却买不来家，年轻人要想拥有幸福的家，除了要有房子之外，还要有爱情，有相爱的人执子之手，与子偕老。对于幸福的家庭而言，爱情和爱人要远远重要过房子，否则如果没有爱情和爱人，再大的房子也只是一座建筑物而已。当把爱情与金钱、房子捆绑在一起，不得不说，这是整个社会的悲哀。

金钱能买得来药品，却买不来健康。如今，很多人生存

压力都很大，而且还要应付职场上激烈的竞争，为此很多人都在高强度压力下变成亚健康，虽然身体频繁地敲响警钟，他们却无法给予自己的身体更好的照顾。正是在这样的情况下，如今猝死的中年人越来越多，这告诉我们即使有再多的金钱和物质，有再高的官位和权利，如果没有健康的身体，一切都会变成毫无意义的零。只有健康的身体才能保证生命延续，因此，任何时候都不要为了暂时赚取金钱而损害自己的身体健康，更不要为了一时的成功就透支自己的时间和精力。如今很多行业和领域都追求可持续性发展。人生也要追求可持续性发展，这样才能不断激发自身的力量，让生命更加绽放光彩。

金钱能买得来陪伴，却买不来亲情。记得在有一年的春节联欢晚会上，赵本山和宋丹丹表演的小品中，宋丹丹作为陪聊的老太太，受到赵本山孩子的委托，来陪着赵本山聊天。这个小品形象演绎了空巢老人内心的孤苦无依，也深刻地反映了社会的现状。在如今的社会中，空巢老人越来越多，陪聊甚至可以发展成为一个新兴的产业。然而，在这个新产业崛起的背后，却是残酷的社会现状。越来越多的年轻人为了谋求生活，背井离乡，哪怕到了逢年过节的时候也因为加班或者离开家太远而无法回家。树欲静而风不止，子欲养而亲不待，任何时候都不要盲目迷失在对金钱的追求中，从而忽略了对亲情的陪伴。否则，等到有朝一日想要弥补的时候，父母已经渐行渐远，距离我们越来越遥远，而我们即使想要对父母有所弥补也根本做不到。

金钱能够买来很多东西，特别是在经济快速发展的现代社会，没有钱寸步难行，而我们要始终牢记，金钱固然能买来很多东西，也买不来很多东西，它不是人生中最重要的。归根结底，金钱只是我们提升生活品质的重要手段，而不是我们活着的唯一目的，只有摆正对于金钱的态度，把金钱放置在人生中合理的位置上，我们才能借助于金钱经营好人生，提升生活的品质和质量，也才能有的放矢地面对人生。一个真正自由的人，不但要有身体的自由，也要有金钱的自由，但不要盲目陷入追求财务自由的困境中而无法自拔，而应该让自己实现对于金钱的态度自由。

极度地随遇而安，只是心灵的流浪

很多人都说人生是一场没有归途的旅程，而且到底何处是终点，也并没有人知道。这是因为生命的不确定性使得没有人知道生命将会在何时戛然而止，但是这并不意味着生命的旅程可以没有目的。在旅行之前，大多数人都会为自己设定一个目的地，即便是一场说走就走漫无目的的旅程，也会被简单规划，设定大概的路线。那么当旅程没有路线也没有目的地的时候，会出现怎样的情况呢？那就是当事人会陷入流浪的状态，随随便便走一程，无缘无故就停下，这样极度的随遇而安，只会导致人生的旅途陷入被动的局面，大大降低人生的效率。

人生固然是没有归途也不知道终点的旅程，但是人生却不能漫无目的。还记得《南辕北辙》的故事吗？在这个故事中，那个即将出发的人有最强壮的马匹、经验丰富的马夫和充足的盘缠、坚固的马车，也确定了目的地，但是却选择了错误的方向。最终，这些有利的因素都会变成他旅程中的不利因素，导致他不管怎么努力，都无法到达目的地。在生命的历程中，我们一定要有目的，并且要根据目的地来选择正确的方向，设定正确的路线。这样，我们的人生旅程才会事半功倍，也才会距离理想的目标越来越近。

如果说人生是在大海上的航行，那么目的地就是我们的罗盘和指南针；如果说人生是在荒漠中行走，那么目的地就是每一个在荒漠中艰难求生的人都想找到的生命之源。在如今的社会生活中，对于大多数年轻人而言，阻碍他们成功的，不是生活的贫瘠，也不是机会的缺失，更不是平台的限制，而是人生没有方向和规划。任何时候，我们都要有的放矢面对人生，也要全力以赴经营好人生，唯有如此，我们才能珍惜生命的宝贵时光，也才能争分夺秒活出精彩的人生。曾经有一位资深人力资源管理师说过，对于如今的年轻人而言，最缺少的就是人生的方向和职业的规划。的确，人生如果没有指引，而是如同没头苍蝇一样四处乱撞，怎么可能会有好的结果和未来呢？

古今中外，很多成功者之所以能够获得成功，并不是因为一味地、盲目地坚持，而是能够在确立方向且保持正确方向的基础上，非常努力地向前。在人生的道路上，他们总是全力以赴向前冲，在追求成功的过程中，即使遭遇艰难险阻他们也从来不放弃，就是因为他们心中有数，知道自己应该朝着哪个方向努力，也知道自己要如何做才能距离实现梦想越来越近。也有很多人兜兜转转一圈又回到原地，这就是因为没有确立目的地和正确方法惹的祸。因此，我们一定要坚持正确的努力方向，否则就会导致事与愿违。确定目的地，选择正确的方向，设定合适的路线，是我们努力的前提条件，也是我们不断进取的基本保证。

在美国企业界，艾柯卡是一个大名鼎鼎的人物，甚至可以和巴菲特、盖茨等人平起平坐。艾柯卡为何能够取得如此伟大的成就呢？是因为他在最初开始奋斗和创业的时候，就已经为自己设立了明确的目标。

大学毕业后，艾柯卡作为实习工程师，加入了福特汽车公司。然而，他并不想每天都面对着冷冰冰的机器，此外他也觉得作为技术人员要想快速晋升简直不可能，因此他特别想去从事销售工作。没有人知道，年纪轻轻、刚刚走上工作岗位的艾柯卡，梦想是在三十五岁之前成为福特公司副总裁。为此，从进入公司没多久开始，艾柯卡就四处找人托关系，最终如愿以偿调到了销售部门，成为了一名普普通通的推销员。艾柯卡对于销售工作有着很强烈的热情和积极性，为此他很快就学会了一些销售的知识和技能，而且领悟到销售工作是有技巧的。正如他所预想的那样，在销售行业里，只要销售业绩突出，晋升是非常快速的。为此，没过多久，他就被提升为销售经理，后来又成为主管一个大区域的销售总监。如果不是因为艾柯执意从销售工程师成为销售人员，也许他现在还处在见习期呢！

就在这个时候，福特公司推出了新车型，艾柯卡独出心裁，提出了让顾客先付首付然后分三年期还月供的方式购买新车。这样一来，客户只需要付出20%的购车首付款，此后三年里每个月仅需要支付56美元，就可以把新车开回家。果然，这种销售模式一经推出，就得到了顾客们的欢迎，很多从没有买车计划的人也临时决定买车，使得新车销量大幅度提升，居然从倒数第一变成了正数第一。后来，总公司也借鉴艾柯卡的分期售车模式，在全国范围内以这种方式销售新车，使得新车的销售量提升了7.5万辆。随着新车销量水涨船高，艾柯卡也得到升职加薪。后来，艾柯卡进入公司总部工作，他不但在销售方面独具才华，而且在管理方面也很卓越，最终在36岁的时候成为福特公司副总裁。相比起他35岁之前升任福特公司副总裁的梦想，艾柯卡只晚了一年。

艾柯卡有着明确的奋斗目标，为此才能确定自己的发展方向，放弃了工程师的职务，而去从事压力大、更辛苦的销售工作。因为他很清楚销售工作会让他更加快速接近和实现自己的梦想，事实也真的如同他所预料的那样，他在销售行业表现非常突出，为此一路上职位不断晋升，最终成功地实现了梦想。和艾柯卡相比，还有几个销售员是因为想当副总裁才去从事销售工作的呢？又有几个已经成为销售员的人会为自己立下远大的志向，要成为公司的副总或者总裁呢？拿破仑曾经说过，不想当将军的士兵不是好士兵。的确，每个人都应该树立远大的志向，这样才能在成长的道路上不断地努力进取，坚持进步，也才能在未来的人生中有更好的发展和成长。否则漫无目的地在人生的旅途中闲逛，在人生的道路上迷失，只会导致人生变得更加被动和无奈，也会使得人生黯然失色。

人，最宝贵的就是生命，对于每个人而言，生命都只有一次机会。任何时候，都不要对人生采取放纵的态度，也不要随随便便就放弃努力。天上没有掉馅饼的好事，也没有人能够无缘无故地成功，我们只有全力以赴奔人生的目的地，也竭尽全力为自己的人生开拓更美好的未来，才能真正成为成功伟大的人，才能创造自己的美好人生。

尽早觉醒，别让人生被所谓的年龄束缚

前段时间年会聚餐的时候，坐我旁边的是我们单位隔壁部门的女领导，三十多岁不到四十岁的样子。她看着我旁边刚刚

毕业的一个实习生同事，感慨年轻真好，我随口说让她跟您换换，结果她却条件反射地摇头说不换。见我笑着望向她，便随口解释道：我家两个宝宝都刚刚开始上学，我可不愿意再回头过那样黑白颠倒的日子了。是啊，拼搏过，也试错过，好不容易将自己年轻时该吃的苦都吃完了，那么认真才换来现在这么通透明朗的自己和现在这么好的生活状态，干嘛要换回以前啊？

想起前段时间看综艺节目《女神来了》，主持人问起五十多岁的刘嘉玲："你最想回到哪个年龄？"刘嘉玲没有犹豫的说道："我还真的非常喜欢我现在这个年龄。我不喜欢以前的那个我，那时候的我很彷徨，很不确认，没有自信，没有主见。我现在这个状态、这个阶段，是我自己最饱满、最自信的。"

无独有偶，前几天跟几个邻居闲聊的时候，说到男女感情方面的一些事情。其中一个女邻居说道："二十多岁的男生正在起步阶段，是一生中的最低点；而此时的女孩却处于一生中最好的时候。一个女人，如果甘心把最好的时光给了男人最差的时候，男人为什么还不知道珍惜？"可以说，一个人的言论，透露出她的生活状态和三观倾向。且不说这个观点的正确与否，这段话还的确是勾起了我强烈的争辩欲望：首先，为什么非得是女孩的二十几岁才是人生最美好的时光？男孩的青春就不珍贵了吗？难道女人的价值取决于她的年轻美貌和子宫活力，男人的价值就取决于他的社会地位和资源占比吗？这样的评判标准未免也太现实了一点吧。其次，为什么要对我们的年龄自带歧视？只要用心生活，不都应该是自己最美好的时刻吗？按照这样的逻辑，难不成，等到我们有朝一日年老，可能连出门的资格都没有了？最后，难道你已经默认我们的人生发展曲线是一条开口向下的抛物线，什么都不懂的二十多岁就已经是顶峰，再往后就只会越来越差了？我想说，年纪轻轻的，说什么丧气话。

上大学的时候，有一个女同学过得很是艰难，因为她家里人都有不同程度的慢性病，全家人都得省吃俭用地攒医药费。但是，她又是个特别倔强的女生，怎么样也不肯申请学校的困难补助，她说自己肯定不会是最惨的那一个，而且也不愿意让我们大家都同情她，好像无缘无故比我们矮上一截。于是，从食堂打上五毛钱的白米饭，回来就着白开水和老干妈就成了她的伙食标配。除此之外，她还经常打各种零工，期末的时候还争取拿奖学金。

我还记得她大一的时候去给学校门口一家中国移动营业厅里面打工，负责积分兑换实物礼品。节假日的时候，她要去得更早，因为那家移动营业厅还服务着周边的几个社区，每逢节假日就会变得很忙碌。如果是零星的几个客户来兑换还好，她还能有空喝口水，吃个饭。赶上集中兑换的那几天，不要说吃饭，可能会忙到连喝水的时间都没有。后来，她还当过超市的临时收银员，发过传单，当过家教，甚至还自己开过网店，从义乌进货摆过地摊……不仅搞定自己的学费生活费，每个月还能有点剩余的钱寄回家。毕业后，她就职的公司待遇很好，与新婚的老公感情也很和顺，买的房子也涨了不少，现在整个人的状态肉眼可见的好。后来，我们一起聚会的时候，聊起大学时的那些人和事，说到动情处，我们都感慨真想重返大学，再吃一次食堂，再进一次班级，再逛一下后面的小吃街。我们几个越说越兴高采烈，只有她连连摇头，说除非允许她带上后来赚到的存款和经验，否则她一点儿都不想再回到二十多岁。她说，自己的二十多岁，从某种程度上来说是她迄今为止过的最差最苦的几年，感觉每天都在为生存狼狈挣扎，好在现在的日子是越过越好了。

或许，二十几岁不是最好的时候，那三十多岁就一定会是最好的时候吗？我想用波伏娃的一段话回答你："男人的极大幸运在于他不论在成年还是在小时候，必须踏上一条极为艰苦的道路，不过这是一条最可靠的道路；女人的不幸则在于被几乎不可抗拒的诱惑包围着，她不被要求奋发向上，只被鼓励滑下去到达极乐。当她发觉自己被海市蜃楼愚弄时，已经为时太晚，她的力量在失败的冒险中已被耗尽。"而我说，女孩子懵懵懂懂什么都不清楚的二十多岁，正是最容易被诱惑包围着的时候。只要你睁开眼看看四周，你会发现：那些不学无术、无所事事，以自己的青春为筹码换取物质条件的女生，总是占着二十多岁是自己最好的年纪，值得被男人捧在手心里，值得被原谅犯下的一切错误，认为自己值得拥有任何名牌产品，值得享受任何奢侈品。用时间换金钱，用青春换高价，她们中的大多人最终却只会将日子越过越差。而对于那些二十多岁，身在苦中不知苦，不断努力向上，解锁人生新技能，不断强化打怪的工具箱，为自己穿上一层层盔甲的女生来说，就算往后的时光里，青春不在，她们也更加懂得该如何发挥自己的优势与人相处和与自己相处，她们会在各个方面不断地提升自己，让她们未来的生活越来越好。

作为普通平凡大众的我们，没有生来就锦衣玉食的生活和能够依靠一辈子的外力，只能够靠我们自己为人生努力出一条康庄大道，一步步踏实前进，不断向上。

因此，人生的好与坏从不是按年龄来划分，没有任何努力的铺垫，即便你到了不惑之年，该是怎样的人生还会是怎样，甚至越变越差。只有尽早觉醒，明白人生的真谛，用努力和向上为自己不断的铺好前方的道路，一步步踏实前进，我们的人生才会越过越好，越过越棒。

人生的很多时候，选择比努力更重要

曾经听说过这么一个段子：有一个京城老太太，她在20世纪80年代的时候听说国外的钱比国内的要好挣很多。老太太拥有一个北京城的四合院，于是，她将这个四合院卖了出去，拿着这笔钱好不容易去到了欧洲。但是因为人生地不熟，以及语言交流等多种障碍的存在。老太太做过小商贩，也做过老板，历经过小成功，也有过小失败。三十年的时间过去了，老太太终于攒下了300万英镑准备回国将四合院重新买回来，再用剩余的钱安度晚年。然而等她回国以后才发现，原来被她卖掉的那个四合院早已经涨价了几十倍，而她辛辛苦苦攒下来的这些钱只够她买下院子里的一个房间。老太太很是后悔，自己搭上了青春和年华，手上的财富非但没有增长，反倒是越来越少了……

人生中的很多事情其实都是这样，充满滑稽和转折。站在人生的十字路口，很多时候我们都会有茫然和不知所措的时刻。我们总是害怕选择，不知道自己该往哪个方向走去，生怕自己一个不小心，拐错了方向，便让自己之前的努力全部都付诸东流。但是，值得庆幸的是，人生的十字路口其实有很多，每当过了一个十字路口，下一个十字路口就近在眼前，我们总是会有不断改正不断回头的机会，只看你生命的长度是否还够你折腾。每当到达十字路口的时候，我们总是渴望自己能够在选择的时候选到最正确的那条路。那么，何为最正确的一条路呢？私以为，没有最正确，只有最适合。并且，希望你我能够深切懂得，选择对于人生的重要性。人生的很多时候，选择往往比努力更加重要。只有选择了一条正确的、适合你的道路，配合上你的努力，你才会越来越优秀。而在一条不适合你的道路上，即便你再努力，也只会让你越陷越深。

佛家典籍上有这么一个流传甚广的小故事，有关选择和努力：有一个年轻人，觉得自己明明很努力了，但是每次却总也得不到自己想要的结果。对此，他很是苦恼却是百思不得其解，于是便来到寺庙向禅师求助。禅师听过年轻人的烦恼过后，只是沉默片刻之后便让他的两个弟子带着这个年轻人去到了一片桃花林里。禅师说：请你们每个人一路走到底，不准回头，挑出一株你认为最美的桃花枝来。说罢，禅师便自己去了桃树林的尽头等着他们三个。等了足足有小半天的时间，三个人才从桃花林里出来。只见两名弟子手中各拿着一株娇艳欲滴的桃花，这个年轻人却捧了一大把的桃花出来了。两名弟子轻松怡然，一脸的享受。这名年轻人却气喘吁吁，汗流浃背。禅师看到了，便笑着问三人：你们是否已经将这片桃花林中最美的那一株桃花取了出来呢？其中一名弟子抢先回答道："是的，我一进入这片桃花林中就被这株桃花吸引了，实在难以自拔。所以，后面的路上虽然也有很多的桃花，但我始终觉得没有我手上的这株好看。"另一名弟子听完接着说道："我刚好与师兄相反，我是一直走到了桃花林的尽头，才摘到了这株桃花，虽然不一定是整片树林里面最美的，但是却是我认为最满意的，最美的那一株早已经刻在了我的心里。"听完两个弟子的发言，这名年轻人赶忙说道："我从一进树林就开始寻找，但是觉得每一株桃花都很好看，它们都一样的娇艳欲滴，美丽动人。所以我希望能将这个里面所有的桃花都摘回来，但是奈何体力有限，也没有工具，我就只能摘这么多了。我已经很努力地搬了，但是还是没能全搬回来，所以没有挑到一支最满意的。”

禅师听完三人的叙述，笑着对年轻人说道：“有的时候，单凭你一个人，即便付出了所有的努力，也不一定会得到你想要的结果。但是如果你能够做出一个正确的选择，那么人生的路必将是截然不同的。”很多时候，选择的正确与否关系的可能不只是你是否省力高效，还涉及到你的人生将怎么度过。

确实，我们的人生中有着太多相似的情景。很多时候，我们并不是累于事情本身，而是累在自己的选择上。不同的人会有着不一样的选择，选择过后也会有不同的道路。就像同样是有钱人，都将自己的子女送到国外去深造，有的子女不适应国内的应试教育，适合国外的开放性教育，到了国外就犹如鱼入大海，畅快肆意。只是经过小小点拨便进步神速，回国以后大不一样，变得很是优秀。而有的人家子女，天生性格内敛，去了国外很不适应，不要说更加优秀，就连自己的生活起居都照顾不来，整个人到了国外就危机重重，甚至有生命威胁。这样的情况下，或许，出国留学对于她的人生而言，就是一场劫难，即便付出的努力再多，可能也一无所获。这或许就是选择大于努力的一个显现。人生的选择很多，能带你走向的终点其实也各不一样。见到别人好的道路，你想要去试试，等你真的尝试了才会发现其实未必适合你走。于是，你埋怨人生的不公平，埋怨付出的努力没有回报。但其实，你只是选择了不适合自己的路。

你性格活泼开朗，擅长与人沟通交流，维系关系，就可以去做营销，赚取你想要的高工资，这是没有错的。但是你嫌弃营销的早出晚归，嫌弃营销的风餐露宿，想要追求写字楼白领生活的稳定与体面，于是放弃营销的高薪选择从写字楼的底层做起，付出了万分的努力却没有得到同比例的回报，更没有融入白领的那个圈子。于是，你开始怀疑自己的努力是不是还不够多，怀疑自己的智商是不是真的不如别人，怀疑你的情商是不是真的很低，怀疑你的一切弱势是不是真的无法进步……其实，错的并不是你本身，或许只是你选择走的这条路不适合你。俗话说，物以类聚，人以群分。我们每个人不同的成长经历和经验决定了每个人不同的处世风格和性格特征，我们没有必要强迫自己去适应别人，更没有必要因为别人的评价而妄自菲薄。当然，更为重要的是，在你沮丧的时候，不要急不可耐地在自己身上寻找原因，追究责任，更要想一想当下你正在努力的这条路，到底适不适合你。

不可否认，努力真的很重要，但选择在我们的人生中也不可小觑。作为一只小鸟，你没有权利去选择大树是什么样的，但是你却可以选择让自己停靠在哪棵大树上。如果你正停靠的那棵大树很硌脚，那又何必执着地停留在上面呢？与其付出这么多的努力，不如趁早选择一颗更加适合自己的树，不是吗？

你选择什么样的生活，生活就会给你它本有的生活方式。你可以选择无尽的辛苦和压力，也可以选择无尽的舒适和惬意，因为我们的人生本就处在不停的选择当中。只要，在你面对选择的时候，不要抱怨，这就够了。并且，希望你能够认识到：选择对于我们的人生着实是一件有趣的事情，它不仅仅会对你行走的道路做出导向，更会影响到你做事的效率和努力的轻松程度。正确的选择能够让你事半功倍，错误的选择只会让你事倍功半。由此，怀疑的时候，沮丧的时候，先想一想，这条路，这个选择适合我吗？

一个人要想获得成功，必须首先确定方向

对于人生，每个人都会有不同的设想，有的人觉得人生就应该是璀璨辉煌夺目的，有的人觉得人生就应该是从容淡然、岁月静好的。现实生活中，总是有人抱怨命运不公平，他们感慨那些成功的人都得到了命运的偏爱，而自己虽然整日忙忙碌碌，却始终没有得到应得的回报，也遭遇了命运不公平对待，所以才会被失败纠缠，无法摆脱失败的厄运。实际上，他们只看到成功者光鲜亮丽的一面，却从未看到过成功者在成功背后所付出的努力。这个世界上没有免费的午餐，更没有从天而降的成功，一个人要想获得成功，必须首先确定方向，然后再持

之以恒地努力。

很多人都曾经读过《南辕北辙》的故事，故事中的主角虽然有着最多的盘缠、最结实的马车、最强壮的马匹，但是他并不能像自己坚信的那样到达目的地。这都是因为他的方向错了。当方向错了，一切的有利条件都会转化为最不利的条件，甚至会使人们越来越远离最初的目的地。人生的道理恰恰如此，一个人要想事半功倍，获得好的发展，就要在选择正确方向的前提下不懈努力，这样才能让自己的人生效率倍增。否则，如果把目标都设定错误了，那么再怎么辛苦也不会有作用。现实生活中，很多人都会感到迷惘和困惑，觉得全世界都亏欠了自己，殊不知真正亏欠自己的并非是世界，而是自己。当你整日忙忙碌碌甚至没有时间陪伴家人的时候，你可曾想过你的人生中是否欠缺了什么。没有方向的努力是徒劳的，甚至还会起到完全相反的效果。当一个人无法分清楚工作与生活之间的关系，那么就会本末倒置，原本工作的目的是为了更好地生活，但是最终人们会被工作所累，完全迷失对生活的初心，也因此而陷入人生的困扰之中。

所以，朋友们，如果你发现自己很忙碌，生活过得充实，但是却毫无收获，那么一定要停下来急急匆匆的脚步，认真地想一想自己是否选对了人生的方向。还有一些人总是把时间和精力浪费在那些不重要的事情上，结果导致生命进入毫无效率的状态，他们羡慕别人轻轻松松就能获得成功，却不知道别人总是目标正确，不忘初心。

《西游记》作为中国四大名著之一，为很多朋友所熟悉。故事中，孙悟空、猪八戒和沙和尚保护着师傅唐僧去西天取经。在取经的路上，他们四个人相伴而行，就像如今职场上的一个团队。而唐僧作为整个团队的核心人物掌握着整个团队的大方向，那就是始终向着西天前进。如果没有唐僧的领导，孙悟空哪怕再能干，也未必能够到达西天。

当然，在团队中，孙悟空也是不可或缺的。他武艺高强，为了团队的顺利前进而冲锋陷阵，做出了巨大的贡献。猪八戒看起来非常懒惰，不但贪吃贪睡，而且傻乎乎的，只有在与妖魔鬼怪打仗的时候，他才能使出三脚猫的工夫，帮助孙悟空。在这三个徒弟之中，只有沙和尚最为憨厚踏实，总是埋头苦干，任劳任怨，坚持挑着大家沉重的行李，一路走到西天。在这个团队中，仅从表面来看，三个徒弟各司其职，似乎谁都比唐僧更重要，都有自己的职责和不可取代的位置，然而实际上真正最重要的人是唐僧。唐僧每天在徒弟们的保护下一路向西，他还因为心善总是会被妖魔鬼怪欺骗，给整个团队惹来大麻烦。看起来他丝毫不重要，但实际上他正是整个团队的灵魂和核心人物，因为他掌握着整个团队的目标。因为有唐僧的存在，整个团队才能始终保持凝聚力。有的时候孙悟空因为任性回到花果山，是唐僧央求观音菩萨把孙悟空找回来。团队里的猪八戒和沙僧也曾经三心二意，不想继续跟着唐僧冒着危险去西天。然而唐僧却从未动摇过自己的信念，所以他能够带领三个懵懂无知的徒弟一路向西，最大限度发挥团队的力量，最终实现目标。

由此可见，方向是非常重要的，不管是对一个人而言，还是对于一个团队来说，只有选择正确的方向才能保持动力，不断向前，才能拥有希望，获得成功。正确的方向是成功的开始，也是成功的结束，否则一旦方向错误，再大的本领都会成为通往成功的绊脚石，起到完全相反的作用，反而事与愿违。

生活中很多人总是目光短浅，他们盯着眼前的利益不愿意放手。如果努力的方向错了，再辛苦的付出都会成为徒劳。一个人最重要的是开阔自己的眼界，让自己站得高看得远。人们常说心有多大，舞台就有多大，实际上，人们为自己确定的方向有多远，人生就能到达多远。有的人鼠目寸光，总是盯着自己的一亩三分地，那么他就永远只能面朝黄土背朝天，有的人野心勃勃，希望自己能够出人头地，去大千世界看一看，那么他未来的人生半径就会大很多。由此可见，心态的确决定很多事情，只有拥有好心态，才能确定人生的正确方向。人生从来不是一场赛跑，作为人生的运动员，我们最重要的不是极尽全力向前跑去，而是要先保持清醒和理智，为自己确定最佳的方向，这样才能事半功倍。记住，和努力相比，方向永远都更加重要。

第12章

你的心态如何，你的生活也将如何

我们都听过这样一句话，心态决定命运。因为心态掌控了人的行动和思想，也决定了我们内心是否平静和快乐，我们是否感到幸福，并不是因为我们身在何处、拥有何物或因为我们是何人，而是取决于我们的心态，也就是我们是如何看待周遭的人、事、物的，心态积极，就会拥有积极的人生。我们可以说，心态不是人生的全部，却左右了全部的人生！事实上，其他任何一个人都不可能与我们一生相伴，唯有我们自己的内心除外，所以，我们没必要心情低落，要高兴地、健康地度过每一天。

感恩知足，才能幸福快乐

还记得陈红演唱的那首《感恩的心》吗？我记得第一次听到这首歌，是在北京《新华保险》的培训班里。当时的我刚刚到北京，衣食无着，吃了这一顿，不知道下一顿在哪里，也没有信心自己养活自己。想想自己放着家里好好的工作不干，丢掉了作为教师旱涝保收的铁饭碗，却来这里辛苦奔波，又因为当时很多人一起唱起这首歌，内心的震撼无以言表。难怪人们常说一千个人眼中就有一千个哈姆雷特呢？即使面对同一首歌，不同的人也会有不同的感触，或者同一个人在不同的人生阶段，也会有不同的感触。

做人，要想收获幸福快乐，一定要感恩知足，不要总是把自己和别人比较，也不要因为别人的人生和成功就盲目地否定自己，而是要更加珍惜自己，感恩自己，这样才能在成长的道路上坚持奋进，努力进取，也才能因为知足而感受到人生的幸福和快乐。在这个世界上，有无数片树叶，却没有完全相同的两片，也有无数个人，更不可能有完全相同的两个。这就注定了每个人的人生都是不同的。

纵观社会，人人都在自己的人生轨道上行进，从事着不同的职业，有着不同的家庭，可以纵情驰骋，也可以悄无声息地偏居一隅。总而言之，每个人都是自己人生的主宰，每个人都可以在成长的道路上不断地努力提升自己，全力以赴地改变自己，也应该笃定自己的内心，坚守自己的生活。唯有如此，才能不断地努力向前，也才能淡然过好自己的人生。只有如此，才能感恩知足，也才能幸福快乐。

2014年，快看漫画的创始人陈安妮发表了一篇文章，名字叫作《对不起，我只过1%的生活》。这篇文章一经发表，就引起了剧烈的反响。而在这篇文章里，陈安妮也以自己最擅长的漫画为创作，讲述了自己的创业历程。最开始的时候，陈安妮只是一个特别喜欢漫画的小女孩，她最大的梦想就是成为一名漫画家，画自己喜欢的画作，过自己喜欢的生活。然而，身边的人，不管是家人还是朋友，没有任何人支持陈安妮的这个梦想，甚至有人还直截了当地告诉陈安妮，你获得理想生活的概率低到1%。陈安妮被这个成功的概率吓到了，为此，她开始按部就班的读书学习，考上大学。在整个大学期间，她将自己的漫画梦想收藏了起来，只是非常努力地学习，很少再一门心思地只想画漫画。

一个偶然的机会里，有人知道陈安妮的漫画画得很好，就找到陈安妮，想让陈安妮提供漫画，每一幅漫画的价格是三十元钱。众所周知，读大学期间，孩子们总是缺钱的，也总是希望靠着自己的能力赚取金钱。为此，陈安妮开始一边读书学习，一边画漫画，以这样的方式来赚钱。这样的方式再次激发起陈安妮要成为漫画家的梦想，她的心中对于那被断言只有1%的希望再次死灰复燃。为此，她开始把漫画发表在网络上进行连载，为此她获得了中国动漫金龙奖。后来，她创办了“快看漫画”，如今，“快看漫画”已经被上千万的粉丝下载，这些粉丝都是陈安妮不折不扣的漫画迷。不得不说，陈安妮成功了，她抓住了1%，也获得了1%的成功。

陈安妮不贪婪，她愿意舍弃其他的99%，而只要获得1%的成功。陈安妮也很贪婪，因为她既然只抓住了1%，就要把这1%做到极致。作为普通而又平凡的人，你可知道自己的1%在哪里吗？你又可知道如何才能抓住自己的1%，获得长足的进步和发展吗？

在这个世界上，没有任何人敢于保证自己的人生一定是成功的，也不能就妄下定论说自己做的事情一定比别人做的事情更高级。每个人的思想观念、人生阅历和教育背景各不相同，也许在这个人眼中不值一提的小事情，在另外一个人眼中就是惊天动地的大事情，也许在这个人心中根本不屑一顾的小事情，在那个人眼里就是非常重视的事情。总而言之，我们要端正心态看待自己和他人的生活，这样才能全力以赴去做好自己该做的事情，也才能更加坚定不移地完成人生的梦想。记住，人生何时开始都不晚，既然如此，我们为何不能全力以赴去做好人生该做的事情，在人生的道路上有更好的成长和未来呢？记住，哪怕只抓住1%，只要全力以赴去拼搏，你的人生就是成功的！

抱怨，只能让问题更加糟糕

当一个没有脚的人看到一个没有腿的人，原本理直气壮抱怨的他，一定会马上噤声，也会惊讶地意识到："天哪，原来这个世界上还有人比我更加不幸！"的确，你肯定不是这个世界上最不幸的人，你之所以觉得自己这么倒霉，归根结底是因为你鼠目寸光，眼睛里只看得到自己的不幸，而完全忽略了别人有可能承受着比你更加深重的痛苦。所以任何时候都不要抱怨，抱怨不但不利于解决问题，反而有可能导致问题变得更加糟糕和严峻。要想在人生的道路上有所收获，不断成长，你唯一需要做的就是戒掉抱怨的坏习惯，从而鼓起信心和勇气坚定不移地前行。

不管你是否亲眼见证过别人的不幸，你都要记住，这个世界上有人比你更加不幸。这样下来，你还有什么资格抱怨呢？想象那些在汶川地震中突然死去的人吧，他们也许前一刻还在幻想着美好的未来，后一刻却在突如其来的地震中失去了生命。任何时候，都不要抱怨人生苦短，而是要更加全力以赴经营好人生，也给予自己美好的期望和憧憬。任何时候，都不要盲目地面对人生，我们一定要对于人生怀着坚定不移的信念，也要富有决绝的勇气，这样才能在人生前进的过程中始终不忘初心，砥砺前行。

常言道，人若倒霉，喝口凉水都塞牙缝。实际上，这不是因为凉水真的塞牙缝，而是因为人在很多困厄面前常常会失去自我，而不能更加坚强独立。那么，要想战胜困厄，我们就一定要调整好心态，这样才能在前进的道路上不断地振奋精神，也才能在奋斗的过程中努力地成就自己。要记住，人生没有回头路可走，不管是坚定不移地向前，还是犹豫不决地行走，都要更加努力地面对自己，才能把握和掌控人生，才能一往无前奔赴最美好的未来。

在人生之中，不管遭遇怎样的困厄，都不要抱怨，抱怨除了让自己陷入更加糟糕的境遇之外，还会扰乱自己的心绪，导致自己无论如何努力，也根本无法扭转局面。在沙漠里，原本生存的机会很小，如果突然找到半瓶水，有人会为这半瓶水而感到庆幸，觉得自己可以多支撑一段时间，得到救援的机会也就更大，而有人会为这半瓶水而感到沮丧，觉得虽然有了这半瓶水，但是也不足以救活自己的命。在这样两种截然不同的心态影响下，尽管同样都是找到了半瓶水，但是人的命运却会相差迥异。

记住，当倒霉与你如影随形，一味地抱怨毫无作用，反而会让你更加与厄运相伴，只有真正地以积极的心态面对这一切，也全力以赴做好自己该做的事情，好运最终一定会到来，你也能守得云开见月明，才能在成长的道路上成就最优秀和杰出的自己。你不是最不幸的那一个，也不要总是自怨自怜，导致自己始终与厄运相随。至少，你还活着，还能亲眼看到花开，还能听到小鸟的婉转鸣叫，还能感受到生命的悸动，这一切才是最重要的。

知足常乐，大多数时候，人生都是不如意的，只有更加全力以赴经营好人生，最大限度激发生命的潜能，去亲手创造美好的生活，才能得到生命的慷慨馈赠，也才能在成长的过程中不断地努力，迅速地成长。

怀着敏感细腻的心，发现生活中的美好

对于生活，我们常常会感到迷惘，因为我们不知道如何面对生活的波澜起伏，尤其是当生活总是那么不如意的时候，我们更是会陷入生活的被动状态之中无法自拔，也因为自身能力有限无法解决和处理好所有的问题，所以会对此产生无力感，也感到非常无奈。正如人们常说的，人生不如意十之八九。的确，生活是有很多不如意的，也可以说不如意的状态就是生活的常态。但是面对生活，我们还是要消除沮丧的情绪，这样才能保持对于生活的热爱，更加积极地面对人生。

有位名人曾经说过，这个世界上并不缺少美，缺少的只是发现美的眼睛。我们也要说，生活中并不缺少感动，缺少的只是我们对于生活的感恩和敏感细腻。当我们总是能够关注细节，就会发现在生活的不引人注意之处隐藏着很多小确幸。对

于每个人而言，对生活怀着敏感细腻的心，都是非常幸运的事情。因为这样的心灵才会发现生活更多的美好，这样的心灵也才会在成长的道路上因为充满温情而变得更加强大。下面举三个例子。

例一：结婚这么多年了，爷爷每次回家的时候，都会把右手藏在背后，这是因为他的右手里拿着一朵鲜红的玫瑰，这朵玫瑰是送给奶奶的。这样的仪式尽管进行了一辈子，也不会让奶奶觉得厌倦，反而在这样小小的细节之中，让奶奶感受到了爷爷深沉的爱。

例二：在一起这么多年了，丈夫是开长途车的，每次丈夫从外地回到家里，妻子都会给丈夫煮一碗面。这一碗面是妻子的手擀面，汤是鸡汤或者骨头汤，里面有一个荷包蛋，还有一些蔬菜和蘑菇。当然，出锅之后，妻子没有忘记在面里洒下葱花，滴入芝麻油。这样一碗热气蒸腾的面下肚，让丈夫从胃温暖到全身。

例三：刚刚结婚才几年的他们，总是会发生争吵。这一年，丈夫忘记了结婚纪念日，妻子就不依不饶，总是说丈夫对于他们的婚姻不够重视，对于她也不够重视。其实，丈夫只是因为在忙一个大项目，而在牢记结婚纪念日很久之后突然忘记了而已。后来，丈夫给妻子补送了一束花，还买了一个妻子爱吃的巧克力蛋糕，妻子感到满足，露出幸福的笑容。

在这个三个事例中，每个人对于婚姻的理解都不一样。

爷爷和奶奶作为老夫老妻是浪漫的。妻子始终牵挂着开车的丈夫，为此把对丈夫浓浓的爱与牵挂都融入到一碗面之中。而最后的新婚夫妻，则因为小小的细节而发生矛盾和争吵，其实作为丈夫的完全无须解释，而只要给妻子更温馨美好的细节即可。当然，作为妻子的也要理解丈夫辛苦打拼的劳累和疲惫，而不要总是揪着生活的小细节不放。或者如果妻子追求仪式感，也可以在丈夫不注意的情况下准备好过婚礼周年的一切事物，给丈夫一个惊喜，岂不是更好吗?

在人生之中，有太多的细节值得我们用心，也有太多的细节值得我们去回味。只有一个敏感细腻的人，才能对于生活始终满怀感恩，也对于生活有无限的憧憬和渴望。当以温情给生活营造更好的细节，当以用心给予生活更多的感动瞬间，原本平淡无奇的生活也会变得值得感动，令人珍惜。这就是我们亲手缔造的美好生活!

端正自己的人生态度，让人生充满希望

面对人生，每个人都有不同的态度。面对同一件事情，每个人的反应也是截然不同的。有的人原本就很积极乐观，为此觉得人生充满了希望，有的人原本就很消极悲观，为此觉得人生黯淡无光，看不到任何光芒。其实，这不是由人生决定的，

而是由于每个人的心态不同决定的。为此，要想拥有豁达乐观的人生，我们就要先改变自己的心态，端正自己的人生态度，这样才能让人生充满希望，也才能让未来有更好的成长和发展。否则，如果总是从人生的各种境遇中看到悲观绝望，如果总是不知道自己应该如何点亮人生的道路，则未来一定会更加彷徨和无奈，也会在现实生活中迷失自己，导致人生彻底失去希望。

做人，一定要豁达，否则总是因为各种各样无关紧要的小事情而扰乱自己的心绪，使得自己的人生变得迷惘，如同浓雾弥漫，就会失去方向，也会失去希望。众所周知，人生只有一次机会，不可逆转和重来，时光更是无法倒流的，因此一定要对人生怀有郑重其事的态度，这样才能在成长的道路上做好自己，提升和完善自己，让自己获得更加长足的进步，拥有更美好的人生。

西方国家有句谚语，叫作不要为了打翻的牛奶哭泣。这是因为牛奶已经打翻，流淌得到处都是，无法再收回来。还有人说，如果因为错过太阳而哭泣，那么就要连群星也错过了。任何时候，我们都要全力以赴无所畏惧地向前，只有如此，我们才能在人生中不断地成长，也变得更加强大。

正值炎热的天气，寺庙的院子里草都枯黄了，看起来一片光秃秃的土地，被太阳晒得特别热。为此，师父对小徒弟说：“去买点儿草种撒上吧，不然光秃秃的太难看！”小徒弟说：

“现在天气太炎热了，不如等到凉快一些再播种草种吧，否则草种很容易死。”师父说：“随时！”

中午时分，师父买了一包草种，交给徒弟，让徒弟去播种。徒弟看到秋风渐起，一边播种一边担心，对师父说：“师父，草种都被风吹走了，这可怎么办呢？”师父丝毫不着急，对小徒弟说：“随性！”小徒弟还是很担心：“草种都被风吹走了，怎么能落地生根发芽呢？”师父说：“没关系，被吹走的都是空的，不要担心。”

到了中午时分，有很多麻雀落下来啄食草种，小徒弟又着急了，说：“师父，师父，草种都被小鸟吃光了，还怎么长啊！”师父说：“随遇而安！小鸟吃了草种子并不会消化掉，而是在排泄的时候又把草种子随着粪便排泄出来，这样一来，种子又回到大地母亲的怀抱，继续生根发芽。”小和尚听了师父讲的道理，这才放心地去睡觉。睡到半夜时分，他突然被窗外急促的夜雨惊醒，这才意识到下雨了。他很担心那些种子都被雨水冲走，为此一夜都没睡觉，大早晨醒来就去找师父：“师父，师父，这下子完了，种子肯定都被雨水冲走了。”师父淡然地说：“落地生根，种子在哪里都能扎根发芽。随缘！”几天过去，小徒弟一起床，发现院子里出现片片新绿，而且原本小徒弟没有撒种子的地方，也因为小鸟儿的搬运，雨水的冲刷作用，也有了种子，也长出小草。小徒弟惊喜地跑去向师父报喜，师父说：“随喜！”

种子不管落在哪里，都能生根发芽，为此师父对于小徒弟担心的各种事情才会随遇而安，丝毫也不担心，而是内心淡然，从容地应对一切。任何时候，都不要因为人生的各种境遇而焦灼不安，也不要因为人生的未来而感到过度担忧。很多事情只有到了特定的时候，才会知道未来的发展趋势，也才能够做出最恰到好处的决策和未来。

豁达的人，才能更加想得清楚，也才能把很多事情处理得恰到好处，否则因为一些身外之物就把自己限制和禁锢住，把自己的内心也就完全扰乱了。人生，一定要轻松从容，保持内心的豁达与镇定，才能灿烂绽放。

笑看世界，世界才会回馈给你笑容

一个人所看到的世界，实际上是世界在他心中折射出来的样子。由此可知，心若改变，世界也随之改变，当一个人内心充满希望，他所看到的世界就充满光明和美好，而如果一个人总是消极沮丧，内心充满各种负面情绪，那么他所看到的世界就会让人生出绝望的感觉。有人说，生活就像一面镜子，当我们笑着面对生活，生活也回报给我们笑脸，而当我们哭着面对生活，生活也就会回报给我们哭脸。同样的道理，要想让世界在我们眼中有更好的呈现，我们就要笑着面对世界。

人人都向往美好，在这个世界上，那些能够打动人、吸引人的，都是美好的事物。在人类社会中，那些长得漂亮的女孩和长相英俊的男孩，总是会得到更多的赞赏和更丰富的资源，哪怕是在求职市场上，虽然每一家用人单位都不会说自己以貌取人，但是实际上当求职者实力相当的时候，他们会不自觉地倾向于聘用颜值更好的求职者。当然，每个人的相貌都是天生的，无法改变，现代社会有很多女性热衷于美容整形，其实没有必要，只要不是丑得惊世骇俗，身体发肤受之父母，何必要否定自己呢！当真正丑得惊世骇俗时，丑也就变成了一种独特的魅力，更没有必要去以伤害自己的方式改变。要想改变容颜，不妨采取更自然的方式。俗话说，相由心生，每个人的容貌和长相尽管更大程度上取决于天生，其实神色表情也会对容貌产生影响。如果一个人心地善良，总是保持微笑，那么渐渐地就会形成友善的面相，到了成为爷爷奶奶的时候也会被形容为慈眉善目。而如果一个人总是心怀叵测，心念歹毒，那么日久天长就会面由心生，变得贼眉鼠眼。在中国古代，有人根据一个人的面相来进行推断，其实是有道理的。所以我们一定要经常微笑，因为微笑是我们最美丽的妆容，微笑也是我们最容易打动这个世界的简单方式。

笑容，会让人散发出自信的魅力，一个人只有真正自信，才能由内而外散发出笑容，才能在各种情况下都绽放出笑容。笑容，也是一个人发自内心快乐的表现。只有拥有快乐的心，才能够发自内心地绽放笑容，也才能够在人生中有更好的呈现。人生不如意十之八九，不如意是人生的常态。不仅如此，人生中还会有很多意外的情况发生，因此我们要拥有一颗坦然的心，能在面对人生一切境遇的时候总是从容不迫，总是气定神闲，总是不急不忙。

世界是一面镜子，为了从这面镜子里得到微笑，我们为何不保持微笑呢？很多时候，心情都会对于生活产生强大的影响力，所以如果不能改变外界，就要努力改变自己，努力经营好心情。笑着面对这个世界吧，因为你笑得越灿烂，世界也笑得越灿烂！

参考文献

[1]连山.把生活和未来过成你想要的样子[M].北京：中国华侨出版社，2017.

[2]慈怀读书会. 把生活过成你想要的样子[M].北京：北京联合出版公司，2016.

[3]汤木.你的努力，终将成就无可替代的自己[M].南昌：百花洲文艺出版社，2015.

[4]高珉淑.兴趣的发现：把生活过成你想要的样子[M]. 程匀，译.北京：华夏出版社，2018.